ENCYCLOPÉDIE POPULAIRE,

OU

LES SCIENCES, LES ARTS ET LES MÉTIERS,

MIS A LA PORTÉE DE TOUTES LES CLASSES.

L'instruction mène à la fortune
et conduit au bonheur.

ART

DU MAÇON,

PAR M. E. MARTIN,

PROFESSEUR DE SCIENCES PHYSIQUES.

PARIS,

AUDOT, ÉDITEUR,

RUE DES MAÇONS-SORBONNE, N° 11.

1829.

IMPRIMERIE DE A. HENRY,
Rue Git-le-Cœur, n° 8.

INTRODUCTION.

L'ART du Maçon, un des plus utiles de la société, remonte à une antiquité si reculée, que ses rudimens ont dû exister avant les premiers âges de la société et les commencemens de l'agriculture, et qu'il est antérieur aux plus anciens événemens transmis par l'histoire; mais si son origine paraît remonter presque aussi haut que l'existence de la race humaine, ses perfectionnemens ont demandé une longue suite de siècles, et l'établissement de quantité d'arts dont le secours lui est absolument nécessaire. Les premiers hommes, sans autre instrument que leurs mains, ont pu élever des murs de terre pétrie, et se construire des cabanes de branchages enduites de boue; mais avant de creuser des carrières et d'entreprendre des édifices considérables, il a fallu qu'ils sussent travailler quelque métal dur, et qu'ils eussent inventé des machines pour transporter et élever leurs matériaux. Aussi les progrès de l'art du maçon ont-ils été constamment liés à ceux des autres connaissances utiles, et ce n'a été que chez des peuples d'une civilisation avancée, que cet art a pu acquérir une sorte de perfection, et concilier l'élégance et l'utilité.

Le Traité que nous publions aujourd'hui sera l'exposé des pratiques les plus essentielles de cet art utile, et des principes les plus nécessaires pour se diriger dans l'accomplissement des travaux que les particuliers font exécuter. Nous commencerons par une exposition sommaire des connaissances géométriques les plus usuelles, après quoi nous étudierons successivement les matériaux que le maçon met en œuvre; les travaux qui se rattachent aux fondations, les règles à suivre dans l'élévation des murs de différente destination, la construction des voûtes, planchers, cheminées, croisées, la composition des mortiers, cimens et enduits, et différens autres sujets importans dans l'art du Maçon.

ART

DU MAÇON.

NOTIONS GÉOMÉTRIQUES.

On appelle *corps* ou *solides* les objets qui réunissent les trois dimensions de l'étendue : longueur, largeur et épaisseur ou profondeur. Dans les *surfaces* on ne considère que la longueur et la largeur, sans tenir compte de l'épaisseur ; dans les lignes on ne considère que la longueur, et dans le *point* que l'on regarde comme les extrémités de la ligne, et que l'on suppose sans étendue, on ne considère plus ni longueur, ni largeur, ni épaisseur.

On dit d'une ligne qu'elle est *droite*, lorsque, tirée dans une surface plane, elle s'y applique dans toute son étendue, et mesure la plus courte distance de deux points. Elle est *brisée* lorsqu'elle se compose de lignes droites ; elle est *courbe* lorsque sa direction change à chaque point, et qu'on ne peut lui superposer nulle part une ligne droite. On voit par là que, dans la nature, il n'y a pas de ligne courbe proprement dite, parce que toutes les lignes courbes que l'on trace ont une largeur, et que l'on peut les considérer comme la réunion d'une multitude de petites lignes droites.

On dit de deux lignes qu'elles sont *parallèles*, lorsqu'elles conservent toujours la même distance. Les deux côtés d'une rue également large représentent deux lignes parallèles. Lorsque deux lignes se rencontrent, l'espace qu'elles comprennent prend le nom d'*angle*. Le point le plus aigu de l'angle se nomme *sommet*. Si deux lignes, en se rencontrant, n'inclinaient d'aucun côté, l'une par rapport à l'autre, on les dirait *perpendiculaires*, et les angles formés dans ce cas seraient égaux et en outre appelés *droits*. Les angles plus petits que les angles droits sont nommés *aigus*, ceux qui sont plus grands sont nommés *obtus*.

Lorsque trois lignes limitent une surface, on donne à l'espace qu'elles comprennent le nom de *triangle*. On nomme triangle *rectangle* celui dans lequel il y a un angle droit; triangle *équilatéral* celui qui a ses trois côtés égaux, et triangle *isocèle* celui qui a deux de ses côtés égaux.

Lorsqu'une surface est limitée par quatre lignes, elle prend le nom de *quadrilatère*. Le quadrilatère est un *carré*, quand il a les côtés égaux et les angles droits; c'est un *rectangle* quand les côtés sont perpendiculaires sans être égaux; c'est un *parallélogramme* quand les côtés opposés sont parallèles sans être perpendiculaires à leurs adjacens; c'est un *trapèze* quand il n'a que deux côtés parallèles, sans que ces côtés soient égaux.

Les surfaces terminées par cinq côtés sont nommées *pentagones*; celles qui sont terminées par six, *hexagones;* et enfin, *heptagones*, *octogones*, *dodécagones*, etc., celles qui le sont par sept, huit ou douze. Toutes ces surfaces sont comprises sous la dénomination générale de *polygones*, c'est-à-dire de surfaces à plusieurs côtés ou plusieurs angles.

Lorsqu'un polygone a ses côtés et ses angles égaux entre eux, il est appelé polygone régulier. Les polygones réguliers d'un même nombre de côtés sont des figures toujours semblables.

On appelle *cercle* la surface qui est terminée par une ligne courbe ou *circonférence* dont tous les points sont également distans d'un point intérieur qu'on appelle *centre*. Les lignes qui vont du centre à la circonférence se nomment *rayons*. Lorsque deux rayons se trouvent en ligne droite, on donne à leur somme le nom de *diamètre*. Les autres lignes tirées dans le cercle, qui, sans passer par le centre, aboutissent à la circonférence par leurs extrémités, se nomment *cordes* ; et on appelle *arcs* les parties de la circonférence comprises entre ces extrémités.

Dans les surfaces polygones, on appelle *base* le côté sur lequel on suppose que le polygone s'élève; et chaque côté peut être arbitrairement pris pour base. Dans les surfaces, la base est toujours une ligne. Dans les solides, on donne le nom de base à la face sur laquelle on suppose que le solide s'élève. Si cette face est un polygone, et si la face opposée lui est égale et parallèle, le solide prend le nom de *prisme*. Le prisme est dit *triangulaire*, *quadran-*

gulaire, *pentagonal*, etc., selon qu'il a pour base un triangle ou quadrilatère, ou un pentagone; il est dit *oblique* quand ses côtés sont inclinés sur sa base; il est dit *droit* lorsqu'ils sont perpendiculaires; enfin il prend le nom de *parallélipipède* lorsque sa base est un parallélogramme, et il est appelé *parallélipipède rectangle* lorsque sa base et ses côtés sont des rectangles. On l'appelle *cube* quand toutes ses faces sont des carrés. On voit que les parallélipipèdes sont les solides qui se reproduisent le plus souvent dans l'art du maçon. Les murs sont des parallélipipèdes rectangles, pour l'ordinaire, de même que les solives, les chambres et les maisons, non y compris la toiture. On nomme *cylindre* le solide dont les extrémités sont des cercles, et *sphère* celui dont toutes les sections, formées par des points quelconques, seraient des cercles.

On nomme *pyramide* le solide dont toutes les faces latérales sont des triangles dont le sommet aboutit à un point qui est le sommet de la pyramide, et dont la base repose sur les côtés d'un polygone qui est la base de la pyramide.

Il y a des pyramides *triangulaires*, *quadrangulaires*, *pentagonales*, etc., selon que leur base est un triangle, un quadrilatère ou un pentagone. Lorsque la pyramide repose sur un cercle, on l'appelle *cône*.

PROBLÈMES RELATIFS AUX LIGNES.

Élever ou abaisser une Perpendiculaire sur une droite.

Soit A B, cette droite (*fig.* 1re), et C, le point où la perpendiculaire doit être élevée. On porte une des branches d'une équerre le long de A B, de manière que le point C soit précisément au sommet de l'angle formé par les deux branches, et l'on tire la ligne C D dans la direction de la seconde branche, cette ligne C D est la perpendiculaire demandée. Pour élever une perpendiculaire à l'aide d'un compas, sur la ligne A B (*fig* 2), on se porterait aux points A et B, et de ces points comme centres, et avec les rayons égaux A C, B C, on décrirait deux arcs qui se couperaient aux points C et D. La ligne C D, menée d'un point d'intersection à l'autre, serait la perpendiculaire demandée.

Pour abaisser d'un point D (*fig.* 3), une perpendiculaire sur A B, on décrirait, de ce point D comme centre, et avec un rayon suffisamment grand, l'arc A B; des points A et B comme centre, et avec un rayon plus grand que la moitié de A B, on décrirait deux petits arcs se coupant en *o*. On tirerait D C, passant par le point *o*, et ce serait la perpendiculaire demandée.

Pour élever une perpendiculaire au point A de la ligne A B (*fig.* 4), dans le cas où cette ligne ne pourrait pas être prolongée, on mènerait l'oblique A C, faisant un angle quelconque avec A B. D'un point quelconque O de cette ligne, et avec le rayon A O, on décrirait une circonférence passant par D. On tirerait le diamètre D E, et A E serait la perpendiculaire demandée.

Faire un Angle égal à un Angle donné.

Soit l'angle donné A (*fig.* 5); du point A comme centre et avec un rayon quelconque, on décrit l'arc B C qui mesure cet angle. On se porte ensuite au point D, par exemple, de la ligne D E, où l'on veut faire un angle égal à A. De ce point comme centre, et avec le rayon A B, on décrit un arc indéfini. On prend sur cet arc une grandeur E F, égale à l'arc B C, on joint D F, et on a un angle égal à l'angle donné.

Mener, d'un point donné, une Parallèle à une ligne droite.

Soit le point C (*fig.* 6), duquel on veuille mener une parallèle à A B. De ce point, avec le rayon C B on décrira l'arc indéfini B D. Du point B, avec le même rayon, on décrira l'arc A C; on prendra la grandeur B D égale A C; on joindra C D, et ce sera la parallèle demandée.

Diviser une droite en Parties égales ou proportionnelles.

Soit la ligne A F (*fig.* 7), que l'on se propose de diviser en cinq parties égales. On tirera la ligne indéfinie A X, sur laquelle on prendra, avec un compas, cinq parties égales, à partir de A. On joindra F 5, on mènera des parallèles à F 5, par les points 4, 3, 2 et 1, et la ligne A F sera divisée par ces parallèles en cinq parties égales.

Si la ligne A F eut dû être divisée en parties proportionnelles à d'autres lignes, on aurait porté toutes ces lignes à la suite l'une de l'autre sur A X, on aurait joint l'extrémité de la dernière et le point F, et des divers points marqués par l'extrémité des autres, on aurait mené des parallèles à cette ligne. Ces parallèles auraient coupé la ligne A F en parties proportionnelles aux lignes données.

On se sert des propriétés des parallèles pour réduire un dessin dans la proportion de la ligne A B à celle de la ligne A C, par exemple (*fig.* 8). A cet effet on divise ces deux lignes en un même nombre de parties ; et toutes les lignes qui, dans le premier dessein, contiennent un certain nombre de parties de A B, ne contiennent plus, dans le second, dessin que le même nombre de parties de A C.

PROBLÈMES RELATIFS AUX SURFACES.

Inscrire dans un cercle un Hexagone régulier.

Soit le cercle A B D E F. On le divise en six, en portant six fois sur sa circonférence le rayon C A (*fig.* 9). Les cordes

A B, B D, etc. sont les côtés de l'hexagone. On a les côtés du triangle équilatéral, en joignant deux à deux les sommets de l'hexagone. On aurait le décagone inscrit en divisant en deux les arcs A B, B D, etc., et en menant les cordes correspondant à ces moitiés.

Inscrire dans un cercle un Carré et un Octogone.

Pour inscrire un carré dans un cercle (*fig.* 10), il suffit de tirer dans ce cercle deux diamètres perpendiculaires, et de joindre les extrémités de ces diamètres. On inscrit l'octogone en divisant en deux les arcs A B, B C, etc., et en tirant les cordes correspondantes A E, E B, B F, etc.

Mesure du Carré, du Rectangle et du Parallélogramme.

La surface du carré se mesure en multipliant un de ses côtés par lui-même. Celle du rectangle, en multipliant le côté qui sert de base par celui que l'on considère comme représentant la hauteur; et celle du parallélogramme en multipliant également le côté qui sert de base, non pas par l'autre côté, mais par la perpendiculaire menée entre la base et le côté parallèle opposé. Cette perpendiculaire est la hauteur du parallélogramme.

Mesure de la Surface des Triangles, des Polygones réguliers et irréguliers, et du Cercle.

On obtient la surface d'un triangle en multipliant le côté qui lui sert de base par la moitié de sa hauteur. La hauteur d'un triangle est la perpendiculaire abaissée d'un angle sur le côté opposé qui sert de base, ou sur son prolongement. Cette mesure ne doit pas surprendre, parce que tout triangle est moitié d'un parallélogramme de même base et de même hauteur.

Pour avoir la surface des polygones irréguliers, on prend successivement celle des divers triangles que l'on peut former dans le polygone, et on ajoute toutes ces mesures. Leur somme est celle du polygone irrégulier.

Dans les polygones réguliers, que l'on peut décomposer en triangles égaux ayant leur sommet au centre, et pour base les divers côtés du polygone, on se contente, pour avoir leur surface, de multiplier leur contour ou périmètre par la moitié de la perpendiculaire abaissée du centre sur un de leurs côtés, ou, en d'autres termes, par la moitié du rayon du cercle inscrit.

Le cercle pouvant être considéré comme un polygone d'un nombre infini de côtés, on a sa mesure en multipliant sa circonférence par la moitié de son rayon. Cette mesure n'est qu'une approximation, parce qu'il n'y a pas, dans la réalité, de mesure commune entre une ligne droite et une ligne courbe; mais dans les calculs ordinaires, cette approximation suffit, et lorsque l'on représente le diamètre par 100, on peut représenter sans inconvénient la circonférence par 314 Ainsi, lorsque l'on voudra mesurer la surface d'un cercle ayant 60 pieds de diamètre, on dira la circonférence de ce cercle est 60, multiplié par 314, ou 188 pieds. Sa surface est donc 188 multiplié par 15, moitié du rayon, ou 2,820 pieds carrés.

Mesure du Trapèze.

Pour mesurer le trapèze on ajoute les deux côtés parallèles et on multiplie leur demi-somme par la hauteur du trapèze. Ainsi, si l'un des deux côtés parallèles était 15, l'autre 11, et la hauteur 4, la surface serait 52.

Des Surfaces semblables.

Les figures polygones semblables sont entre elles comme le carré de leurs côtés homologues, et les cercles comme le carré de leurs rayons ou diamètres. De là, lorsque l'on connaît la surface d'une figure, on peut déduire immédiatement celle de la figure semblable dont on connaît un côté homologue, en disant : le carré du côté de la première, est au carré du côté homologue de la seconde, comme la surface de la première est à la surface de la seconde. Les trois premiers termes de cette proportion étant connus, on en déduit le quatrième, en divisant par le premier le produit du second, multiplié par le troisième. On entend par côtés *homologues*, des côtés semblablement placés dans des figures semblables.

Si les surfaces sont entre elles comme le carrés des côtés homologues, les périmètres ou contours sont dans le même rapport que ces côtés. Ainsi la figure dont un côté est double du côté homologue d'une figure semblable a un périmètre double du périmètre de celle-ci. Ainsi, un cercle dont le rayon est double ou triple de celui d'un autre cercle, a aussi une circonférence double ou triple.

Surface convexe des Prismes, Cylindres, Pyramides, Cônes.

La surface convexe des prismes et cylindres s'obtient en multipliant la longueur de leur axe par le contour du polygone ou du cercle formé par le plan qui couperait le prisme ou le cylindre à angle droit.

Pour avoir la surface convexe de la pyramide, on ajoute la surface de tous les triangles dont elle est formée; et pour avoir celle du cône, on multiplie la circonférence de sa base par la moitié de son côté, lorsque le cône dont il s'agit est droit, et par la moitié de la somme de son plus grand et de son plus petit côté, lorsqu'il est oblique. Le cône est dit *droit*, lorsque la perpendiculaire abaissée du sommet sur la base, tombe au centre de cette base.

Mesure de la Surface de la Sphère.

La surface de la sphère s'obtient en multipliant son diamètre par la circonférence d'un de ses grands cercles. On appelle *grands cercles*, dans une sphère, tous les cercles formés par des plans passant par le centre. Dans une même sphère, tous les grands cercles sont égaux.

PROBLÈMES RELATIFS AUX SOLIDES.

Mesure de la solidité du Prisme et du Cylindre.

Les prismes droits ou obliques, c'est-à-dire non-inclinés ou inclinés sur leur base, ont toujours pour mesure leur base multipliée par leur hauteur; il en est de même des cylindres que l'on peut considérer comme des prismes d'un nombre infini de côtés. Si la face opposée à la base du prisme ou du cylindre n'était pas parallèle à cette base, on trouverait la mesure du solide ainsi figuré en multipliant sa base par la moitié de sa plus grande et de sa moindre hauteur ajoutées ensemble. Ainsi (*fig.* 11), on a la solidité du prisme *a b c d e f g h*, dont la base supérieure n'est pas parallèle à l'inférieure, en multipliant la base *abcd* par la moitié de *h m* et celle de *g m* ajoutées ensemble.

Solidité des Pyramides et des Cônes.

Les pyramides et les cônes ont constamment pour mesure leur base multipliée par le tiers de leur hauteur. Cette mesure est déduite de celle du prisme, parce que tout prisme triangulaire pouvant être décomposé en trois pyramides équivalentes, et tous les prismes pouvant être décomposés en prismes triangulaires, on en conclut que la pyramide est toujours le tiers du prisme de même base et de même hauteur. Les cylindres et les cônes étant considérés, les premiers comme des prismes, et les seconds comme des pyramides d'un nombre infini de côtés, ont nécessairement entre eux le même rapport.

Solidité des Troncs de Pyramides ou de Cône.

Pour mesurer un tronc de pyramide ou de cône, il faudrait mesurer la pyramide ou le cône en entier, et retrancher de cette mesure celle de la petite pyramide ou du petit cône qu'il aurait fallu ajouter au tronc pour en faire une pyramide ou un cône. Or, voici comment on pourrait trouver la hauteur totale d'une pyramide dont on ne connaîtrait que le tronc. On dirait : Un des côtés de la base du tronc de pyramide, moins son homologue dans la base supérieure, est à ce côté homologue, comme la hauteur du tronc est à la hauteur de la petite pyramide. La hauteur de cette petite pyramide jointe à celle du tronc donnerait celle de la pyramide entière. S'il s'agissait d'un tronc de cône, on dirait : le rayon de la base inférieure, moins celui de la base supérieure, est à celui-ci, comme la hauteur du tronc du cône est à la hauteur du petit cône. La hauteur du petit cône et celle du tronc du cône ajoutées ensemble, donneraient la hauteur totale du cône. En connaissant cette hauteur, pour la pyramide ou le cône, on connaîtrait conséquemment leur solidité, et on obtiendrait la solidité de leur tronc, en retranchant de leur solidité totale, celle de la petite pyramide ou du petit cône qu'il aurait fallu ajouter.

Mesure des Polyèdres réguliers et de la Sphère.

Les polyèdres réguliers, c'est-à-dire ceux que l'on peut former en enveloppant une sphère avec des polygones réguliers égaux, tels que le *tétraèdre*, l'*hexaèdre*, l'*octaèdre*, le *dodécaèdre*, et l'*icosaèdre*, dont le premier a quatre faces, le second six, le troisième huit, le quatrième douze, et le dernier vingt; ces polyèdres, disons-nous, ont pour mesure leur surface totale, multipliée par le tiers du rayon du cercle inscrit; et cela parce qu'on les considère comme formés de pyramides égales ayant pour base les faces du polyèdre, et ayant leur sommet au centre de la sphère inscrite. Quant à la sphère en général, elle a aussi pour mesure le produit de sa surface par le tiers de son rayon, parce qu'on la considère comme un polyèdre régulier d'un nombre infini de côtés.

Rapport des Solides semblables.

Les solides ayant pour mesure le produit de leurs trois dimensions, sont toujours entre eux comme ce produit, ou comme le cube qui le représente. Mais les solides semblables ne sont pas seulement entre eux comme ce produit, ils sont encore entre eux comme le cube de leurs côtés homologues. De là, lorsque l'on connaît la mesure d'un solide, et un côté d'un solide semblable, il est aisé de trouver la mesure de celui-ci, en disant : le cube du côté homologue du solide connu, est au cube du côté connu du solide semblable, comme le premier solide est au second. Si l'on comparait des sphères, on prendrait le cube de leurs rayons ou diamètres, pour terme de comparaison.

Les bornes étroites dans lesquelles nous avons été obligé de nous renfermer, ne nous ont pas permis de donner à ces principes de géométrie pratique tout le développement que nous aurions désiré ;

aussi nous invitons le lecteur à recourir au traité de la *Géométrie des Ouvriers*, qui fait partie de l'Encyclopédie populaire, et où nous avons exposé avec plus de détail toutes les connaissances géométriques qui peuvent trouver leur application journalière dans l'art du Maçon.

ÉTUDE DES MATÉRIAUX

EMPLOYÉS DANS LA CONSTRUCTION.

Nous avons exposé dans le paragraphe précédent les connaissances géométriques les plus nécessaires dans l'art du Maçon; nous allons maintenant soumettre à un rapide examen les matériaux que le maçon met en œuvre; après quoi nous traiterons des différentes parties du bâtiment, et des principes desquels il ne faut pas s'écarter dans leur construction.

De la Pierre en général.

La pierre étant au premier rang parmi les matériaux que le maçon met en œuvre, et en même tems de l'usage le plus répandu, on sentira combien il est important de savoir en apprécier les défauts ou les qualités, et de connaître la manière de l'employer, et les façons qu'on lui donne.

On divise généralement les pierres en deux classes, celle des pierres dures et celle des pierres tendres : les pierres dures sont celles que l'on ne débite qu'à l'aide de la scie sans dents ; et en faisant usage d'eau et de grès ; et les pierres tendres sont celles que l'on peut débiter à sec, et avec la scie à dents.

Pierres dures.

Les pierres dures, aussi bien que les tendres, sont de diverses qualités, suivant les pays. Les pierres dures les plus connues à Paris sont le *liais*, dont on connaît plusieurs espèces, que l'on tire de divers endroits, comme de la plaine des Maisons et de Creteil, et des plaines de Bagneux et d'Arcueil ; la pierre de *roche* et de *banc franc*, que l'on tire des fonds de Bagneux et des lieux environnans ; la pierre que l'on tire à Passy, à Sèvres, à la Chaussée de Bougival, à l'Ile-Adam, et enfin celle de *Saint-Non*, près Saint-Germain, de *Saillancourt*, entre Triel et Meulan, à dix lieues de Paris, et de *Vernon*, à vingt lieues. Toutes ces dernières arrivent à Paris par la Seine, et la livraison s'en fait sur le port du Louvre.

On fait aussi usage depuis quelque tems, à Paris, d'une sorte de marbre, que l'on nomme pierre de *Château-Landon*. Il est beaucoup plus difficile à travailler que les autres pierres dures, et il pèse 185 livres le pied cube environ.

La généralité des départemens de la France possède de belles carrières de pierres dures dont les qualités sont particulièrement appréciées par les maçons du pays, et dont il serait hors de notre sujet de parler ici. Les pierres dures ont sur les pierres tendres l'avantage de pouvoir être employées dans la partie basse des grandes constructions, où elles doivent supporter un poids très-considérable, qui pourrait écraser ou faire fendre les pierres tendres. Elles résistent en outre avec plus d'avantage que ces dernières à l'intempérie des saisons. La pluie en altère moins la surface; l'humidité les pénètre moins profondément, et elles ne redoutent que peu ou point les effets de la gelée, pendant que les pierres tendres sont presque toutes gelives.

La propriété qu'ont les pierres dures de résister à la gelée, provient sans doute de ce qu'elles ne contiennent presque pas d'humidité à l'intérieur lorsqu'on les tire de la carrière, pendant que les pierres tendres qui sont plus poreuses en sont d'ordinaire profondément pénétrées. Ces parties aqueuses ayant une disposition à occuper un plus grand volume au moment de la congélation, brisent la pierre dans laquelle elles sont contenues, et en émiettent aussi, pour ainsi dire, toutes les parties. Cet inconvénient se fait surtout ressentir lorsque les pierres tendres sont récemment extraites de la carrière, parce que leurs parties intérieures sont encore abreuvées d'humidité; mais on le prévient d'une manière assez efficace lorsque l'on fait ressuyer les pierres pendant long-tems en plein air avant de les employer, en ayant soin de les abriter contre le froid le premier hiver, si elles ont été tirées en automne.

Pierres tendres.

Les pierres tendres dont l'usage est le plus général à Paris, sont la *Lambourde*, le *Conflans*, le *Vergelé*, et le *Saint-Leu*. La Lambourde se tire des carrières de Saint-Maur près Vincennes, de Gentilly, de Montesson et de Nanterre. La première est la plus estimée de toutes.

Le Conflans se prend à Conflans-Sainte-Honorine, sur les bords de l'Oise. On en connaît de trois espèces, dont une offre des parties très-dures.

Le Vergalé se tire à Saint-Leu. C'est la partie supérieure d'une masse de vingt à trente pieds de hauteur, et qui présente deux qualités à gros grains; l'une très-dure, que l'on débite à la scie sans dents, et l'autre plus tendre, que l'on débite à la scie à dents. Le Saint-Leu est la partie inférieure de la même masse. C'est une pierre tendre, d'un grain doux et fin, et d'un grand usage.

Une carrière de l'Ile-Adam produit

aussi une espèce de pierre qu'on nomme *Parmain*, et qui l'emporte sur le Saint-Leu, par la finesse du grain et l'homogénéité de la pâte.

Le poids des pierres tendres en général est de 125 à 155 livres le pied cube, tandis que celui des pierres dures est de 140 à 170 liv. Les pierres tendres ont l'avantage de se tailler plus facilement que les autres, et de se durcir à l'air; mais leur nature poreuse doit faire éviter de les employer dans des lieux humides. Du reste on s'en sert toujours avec avantage dans les étages supérieurs, où des pierres dures chargeraient les constructions d'un poids inutile.

Dans toutes les carrières en général, les pierres qui sont situées à la fleur du sol sont de meilleure qualité et plus propres aux bâtimens que celles du fond, parce qu'elles ont éprouvé l'action de l'air, et qu'elles sont plus dures et plus capables de résister à la gelée. C'est un avantage que les constructeurs ont toujours fort apprécié; mais à Paris, où toutes les carrières environnantes sont exploitées depuis long-tems, on n'emploie guère que des pierres des couches inférieures.

Pierres Meulières et à Fusil.

Les pierres dures et les pierres tendres comparables à celles que nous venons de parler, ne sont pas les seules que l'on emploie dans les constructions. On fait aussi usage quelquefois d'une sorte de pierre nommée *meulière*, qui est grise et très-dure, et qui s'unit mieux qu'aucune autre avec le mortier, à cause de la grande quantité de trous dont elle est remplie. La *pierre à fusil*, dans les endroits où elle se trouve en masses assez considérables, est également employée; et en Normandie, où on la connaît sous le nom de *bisard*, on en fait un usage très-fréquent dans les constructions de peu d'importance. Enfin on emploie aussi, dans beaucoup de localités, différentes espèces de grès; mais en particulier de grès tendres. Cette substance qui est fort aride, s'associe beaucoup mieux avec le ciment qu'avec le mortier de chaux et de sable. Avec ce ce dernier mortier, ou avec le plâtre, sa liaison n'est pas aussi bonne que celle des pierres ordinaires; mais avec le ciment, elle forme des constructions dont toutes les parties sont si adhérentes, qu'elles semblent ne former qu'une seule roche.

Le moellon se tire généralement des mêmes carrières où se trouve la pierre de taille; seulement il provient des bancs les moins homogènes. Quelquefois on l'extrait de carrières particulières dont les couches n'ont pas les qualités nécessaires pour être exploitées dans une autre vue.

Pierre à Plâtre.

Dans quelques cantons on fait usage de pierre à plâtre comme pierre de taille ou moellon; mais c'est toujours au défaut de matériaux de meilleure qualité, cette pierre étant fort sujette à s'émietter et se déliter à l'humidité.

Emploi et Façon de la Pierre.

L'emploi de la pierre nécessite quelques précautions qu'il est important de ne jamais négliger. Il faut avoir soin d'asseoir la pierre de taille en lui conservant la même position que dans la carrière; c'est la position où elle oppose constamment le plus haut degré de résistance. Quant au moellon, les façons qu'on lui donne sont relatives à l'importance des murs. On l'emploie de quatre manières : en *moellon plat*, alors il est posé horizontalement sur son lit dans les murs de peu d'importance ; et on n'en sépare que le *tendre* ou *bousin* ; en *moellon d'appareil* ; alors il a son parement apparent, il est équarri à vives arêtes en tête, et posé en juste liaison ; en *moellon esmillé*, que l'on équarrit plus grossièrement et que l'on destine à faire parement dans les lieux de peu d'importance : enfin, en *moellon piqué* que l'on pique sur son parement avec la pointe du marteau, après l'avoir équarri et ébousiné, et que l'on destine à la construction des voûtes de cave. On l'emploie aussi en *moellon bourru*, pour les fondations et l'intérieur des murs ; et on lui donne ce nom lorsqu'il est mal fait, et qu'il n'a été nullement travaillé.

Qualités et Emploi de la Brique.

Après la pierre, celui des matériaux qui joue le plus grand rôle par son importance, dans l'art du Maçon, est la brique sans contredit. Mais comme toute celle que l'on fait, n'est pas également bonne, nous allons dire un mot des principales qualités qu'elle doit avoir.

La brique, après avoir été formée avec une terre bien pétrie qu'on appelle glaise, doit être cuite à un degré suffisant, pour être insensible aux intempéries des saisons; et surtout ne pas absorber l'humidité. La meilleure est celle qui a été formée avec une glaise infusible et à laquelle on a fait subir, dans le four, une très-haute température. On la reconnaît en ce qu'elle est dure, compacte, sonore, résistante, et d'ordinaire d'une légère couleur de jaune rougeâtre. Celle qui n'est pas assez cuite rend un son plus sourd, s'émiette et se rompt aisément, absorbe l'eau et se divise à la longue dans ce liquide. Sa couleur varie, mais elle est généralement plus rouge que l'autre, et on la reconnait en la touchant, au peu de cohérence que présentent ses particules. On en rencontre beaucoup de cette espèce, parce que les briquetiers, dans la vue de faire une économie de combustible, ne cuisent pas tou ours autant qu'il faudrait. Quelquefois aussi la mauvaise qualité des briques provient de l'impureté de l'argile qui a servi à les confectionner, et qui ne pourrait éprouver, sans se fondre, le degré de feu nécessaire pour la cuisson. Dans ce cas, les meilleures briques obtenues de si méchans matériaux, sont celles dont la surface a éprouvé un commencement de fusion durant la cuisson. Elles présentent alors une surface vitreuse qui les protége contre les effets de l'humidité. Les briques qui ont cet aspect, portent, dans différentes provinces, le nom de briques *cuites en fer*; mais jamais on ne peut obtenir toute une fournée de briques semblables, parce qu'au moment où celles du bas ou du centre ont atteint ce degré de chaleur qu'on ne pourrait dépasser sans les fondre, celles des côtés et du haut n'ont reçu qu'une cuisson ordinaire, et se ressentent toujours, pour leurs qualités, du vice premier des matériaux. Nous renvoyons pour de plus amples détails sur l'appréciation des qualités de la brique, à un petit traité que nous avons publié sur cette fabrication, et qui fait partie de l'Encyclopédie populaire.

Dans les pays où la pierre est rare, la brique est d'un usage presque général pour la construction des maisons, où elle est toujours préférable au bois. Dans les autres, on ne laisse pas que d'en faire usage, et la pierre ne la saurait remplacer dans la construction des cheminées, fours et fourneaux, etc. Du reste, quel que soit l'usage auquel on l'emploie pour murs ou pour voûtes, sa légèreté la rend toujours précieuse, et en outre comme elle est de bonne assise, l'épaisseur des murs qu'elle sert à former peut être singulièrement réduite, sans que leur solidité en soit altérée.

Tuiles et Carreaux.

La fabrication du carreau et de la tuile requiert une argile plus pure que celle que l'on emploie ordinairement pour la brique. Cette argile doit être en outre plus longuement façonnée et cuite à une température plus élevée. Les objets qu'elle sert à confectionner sont de bonne qualité, lorsqu'ils ont une légère couleur d'un rouge jaunâtre, et qu'ils sont denses, très-sonores et très-résistans.

Qualités et Emploi du Plâtre.

Nous avons signalé la pierre à plâtre comme employée quelquefois comme moellon, ou pierre de taille, dans les constructions ; mais ses usages, à cet égard, sont peu étendus et toujours de mauvais effet. La qualité principale de cette pierre est d'acquérir, par une légère calcination, la propriété de faire pâte avec l'eau, et de solidifier en peu d'instans une grande quantité de liquide.

Il y a plusieurs qualités de plâtre. Le plus fin, remarquable par sa finesse, son brillant et son onctuosité, est réservé pour les ornemens de sculpture. Celui qui est moins doux et moins blanc est employé pour les enduits intérieurs, et le plus grossier sert à construire des cloisons et des murs. Les débris que l'on recueille dans les fourneaux, et qui sont mêlés de charbon, sont utilisés dans la construction des murs de clôture. Dans un même fourneau, on peut tirer, en choisissant, différentes qualités de plâtre. Dans tous les cas, on le réduit en poudre avant de l'employer, et cette poudre doit être d'autant plus fine, que les ouvrages auxquels on le destine sont plus délicats.

Pour l'employer on le met dans une auge ayant un poids d'eau égal à peu près, et on le gâche avec la truelle avant de l'employer. Comme il se solidifie promptement, on n'en gâche jamais beaucoup à la fois. Pour certains ouvrages, tels que les enduits et plafondse, on doit le gâcher plus clair, c'est-à-dire, le plus abreuver que lorsqu'on l'emploie à de gros ouvrages.

Le plâtre doit être abrité avec soin de l'humidité et du contact de l'air, lorsque l'on se propose de le conserver. Autrement il s'éventerait, c'est-à-dire, qu'il absorberait peu à peu la plus grande partie de l'eau qu'il peut absorber, et ne serait plus bon à rien, si on ne le calcinait de nouveau. Cette substance offre d'assez grands inconvéniens lorsqu'on l'emploie à la construction des murs. Il se désagrège assez promptement par l'effet de l'humidité qu'il absorbe ; aussi ne doit-on jamais en faire usage dans leslieux humides. En outre, la propriété qu'il a de se renfler pendant qu'il est encore frais, nécessite des précautions dans la conduite du travail. Le meilleur pour la construction est celui qui contient un peu de chaux.

Qualités et emploi de la Chaux.

Rien n'est plus important pour les constructeurs que de pouvoir reconnaître les qualités de la chaux, et de savoir comment ils doivent agir à cet égard dans les divers cas. Les bornes de ce Traité ne nous permettent pas d'entrer sur cette matière dans tous les détails que nous aurions désiré; mais nous invitons le lecteur à recourir au Traité que nous avons spécialement consacré à la préparation de la chaux et du plâtre, et à la fabrication des briques et des carreaux. Il y trouvera toutes les lumières nécessaires pour se procurer les différentes espèces de chaux dont il peut avoir besoin dans les divers cas, et des détails sur leurs propriétés et sur leur emploi ; nous nous bornerons ici à rappeler quelques points de cette importante matière.

Les chaux qui proviennent de calcaires purs sont appelées *grasses*, et comme ces calcaires sont ordinairement très-lourds, il s'ensuit que les chaux grasses contenant beaucoup de matière sous peu de volume, ont la propriété d'absorber beaucoup d'eau lors de l'extinction, et, en d'autres termes, de foisonner beaucoup. Ces chaux incorporées au sable commun forment des mortiers qui se dissolvent dans l'eau, et qui sont impropres aux constructions dans les lieux humides. Si l'on voulait en préparer des mortiers capables de durcir sous l'eau, il faudrait remplacer le sable par des argiles, des grès, des ardoises calcinées et pulvérisées, ou par des fragmens de tuiles et de poterie, et des cendres de charbon de terre. Ces substances, associées à une certaine quantité de sable commun, forment avec des chaux grasses des cimens de bonne qualité, résistant parfaitement dans les lieux humides et sous l'eau.

On reconnaît que les calcaires sont purs et capables de produire des chaux grasses lorsque, réduits en poudre, ils se dissolvent en entier, ou presqu'en entier dans du vinaigre fort, de l'acide hydrochlorique, ou esprit de sel, ou dans de l'acide nitrique ou eau forte. Ils sont impurs au contraire, et susceptibles de produire des chaux maigres ou hydrauliques durcissant sous l'eau et foisonnant peu, lorsque, traités par l'un ou l'autre de ces acides, ils laissent un résidu considérable. L'on conçoit que la nature de ce résidu doit varier dans beaucoup de localités; mais on a observé que quelle que fût sa nature, les calcaires dont il provenait produisaient constamment des chaux hydrauliques, quoique dans des degrés différens.

Les chaux de cette espèce n'ont pas besoin d'être associées à des matières arides d'une nature particulière pour produire des mortiers hydrauliques, bétons ou cimens. Il suffit de les associer au sable commun, et l'on en obtient constamment de bons effets, alors même que les ouvrages sont exposés à être tantôt sous l'eau et tantôt à l'air; ce qui est le point le plus difficile à obtenir lorsqu'on emploie des chaux grasses.

Qualités et Emploi du Sable.

Lorsque nous parlons du sable commun, nous entendons des parties siliceuses, en grains plus ou moins gros, mais totalement purgées d'autres matières terreuses, et pouvant être lavées à grande eau sans troubler sensiblement ce liquide. On rencontre fréquemment du sable de cette espèce, soit dans les rivières, soit dans la terre. On le choisit rude et à grains anguleux, parce qu'il est plus propre à se lier avec la chaux, et on le passe à la claie toutes les fois qu'il contient du gravier de trop gros volume. Le sable de cette espèce est excellent pour la plupart des constructions. Cependant, lorsque les chaux sont très-grasses, on préfère un sable contenant un peu d'argile.

COMPOSITION DES MORTIERS ET CIMENS.

Comme l'exposition des principes est rarement suffisante pour guider dans l'application, nous allons entrer ici dans quelques détails sur la composition des divers mortiers ou cimens dont le maçon peut avoir occasion de faire usage

Mortiers ordinaires.

On prépare le mortier ordinaire en employant trois, quatre ou cinq parties de sable contre une partie de chaux vive. La chaux doit être de bonne qualité, et n'avoir pas été éventée. On la mêle au sable après l'avoir éteinte dans l'eau, et en avoir fait une pâte de consistance butyreuse. Le sable peut être plus ou moins gros, mais il doit être purgé de parties limoneuses. On doit l'incorporer à la chaux par un travail long et soutenu; et, comme le disaient les anciens, *il faut, pour que le mortier soit bon, qu'il soit arrosé avec la sueur des sourcils.*

Lorsqu'on mélange la chaux vive en poudre et le sable, dans la proportion d'une partie de chaux contre deux de sable, et que l'on humecte modérément le mélange en le pétrissant, on obtient un mortier qui prend plus vite que la première et qui durcit davantage; mais on doit éviter de le faire sécher trop vite.

Partie égale de sable fin et de sable gros, un sixième de partie de chaux vive, et un douzième d'os calcinés, produisent un mortier de bonne qualité, et qui devient susceptible de durcir promptement lorsqu'on y ajoute, au moment de l'emploi, une nouvelle quantité de chaux vive en poudre. L'usage de la chaux vive, conseillé pour la première fois par M. Loriot, a pour effet de donner au mortier la propriété de prendre sur-le-champ comme le plâtre, et de permettre conséquemment d'employer dans les constructions des matériaux du plus petit volume.

Mortiers, Cimens et Bétons de différente composition.

Le mortier ordinaire reçoit ordinairement un surcroît de qualité, lorsqu'on remplace une partie du sable par des fragmens de tuiles ou de poteries réduits en poudre. Cet effet n'a lieu cependant que lorsque la chaux est grasse, car si la chaux était hydraulique, toute addition semblable serait inutile.

En Afrique, on fait quelquefois usage d'un ciment que l'on prépare avec une partie de sable, deux de cendres et trois de chaux vive, tamisées ensemble, gâchées pendant trois jours consécutifs, et humectées alternativement avec de l'huile de lin et de l'eau. Ce ciment acquiert une dureté singulière.

Les mortiers hydrauliques ou bétons se préparent en alliant aux chaux grasses des pouzzolanes pulvérisées, ou, à leur défaut, des grès, des ardoises ou des argiles calcinées et pulvérisées; ou seulement des cendres de charbon de terre. Les chaux hydrauliques n'ont besoin que d'être mêlées au sable commun pour produire de bons bétons, et il est toujours possible de se procurer des chaux de cette espèce en calcinant ensemble quatre-vingt-dix parties de pierre calcaire, cinq de manganèse et cinq d'argile ferrugineuse. Ces matières sont réduites en poudre et formées en boules, avant la calcination, et on les incorpore ensuite avec soixante parties de bon sable.

On prépare un mortier ciment à bas prix, en pétrissant ensemble deux parties de chaux, une partie de cendres de houille bien tamisée et une demi-partie d'argile. Ce mortier est humecté lentement et bien remué. Ensuite on le laisse en tas pendant plusieurs jours, après quoi on le corroie et on le laisse reposer de nouveau, en continuant jusqu'à ce qu'il soit souple et ductile. Ce mortier peut être employé pour servir d'aire dans les greniers. On l'applique en couche, et lorsqu'il est près d'être sec, on le recouvre d'une couche légère de bonne chaux vive délayée dans du lait de beurre.

En Italie, on exécute des aires à l'antique d'une manière qui mérite d'être connue. On fait une première couche avec un ciment composé de trois parties de tuileaux et une de chaux. On étend bien le ciment; on le laisse reposer pendant un jour ou deux, suivant la saison, après quoi on le bat fortement avec une barre de fer coudée, et l'on répète chaque jour cette opération jusqu'à ce que la barre ne produise plus aucune dépression sur la couche. Sur cette couche on en étend alors une autre plus mince où la chaux entre à parties égales avec les tuileaux, et on sème sur cette couche encore fraîche de petits morceaux de marbre qu'on y fait entrer à l'aide de la pression d'un cylindre. Cela fait, on bat de nouveau le sol; et, lorsqu'il est parfaitement résistant et bien sec, on en dégrossit la surface avec un grès et de l'eau, après quoi on le travaille à la pierre ponce. Il ne reste plus alors qu'à lui donner à chaud deux couches d'huile de lin, et à le frotter pour le polir.

Scellemens divers.

La composition des cimens et scellemens étant d'une si grande importance dans l'art du maçon, nous allons y consacrer encore quelques détails que nous puiserons dans notre Traité de Chimie appliquée aux arts.

« On peut faire un ciment très-dur, en pétrissant simplement de la farine de seigle dans un lait de chaux très-épais. On en obtient un plus dur encore et qui est propre à lier les pierres, avec de la limaille de fer, de la suie et du sel marin détrempés d'urine. Le verre pilé, le sel, le vinaigre et la limaille, produiraient le même effet.

» Neuf parties de tuileaux pulvérisés et une de litharge finement broyée, produisent, quand on les détrempe avec de l'huile de lin, un ciment qui devient assez dur pour rayer le fer, et qui est très-propre à souder les pierres, et à s'opposer à l'infiltration des eaux. Pour s'en servir on a soin d'imbiber d'eau la place où il doit être appliqué.

» Les seellemens les plus ordinaires pour sceller le fer avec la pierre, sont le plomb, le soufre, le ciment, le plâtre, le fer mêlé avec les acides et les matières résineuses. Ces différentes méthodes ont besoin d'être éclairées par quelques observations.

» Les scellemens de plomb sont d'une exécution facile, et ont une grande solidité, mais ils n'ont pas toujours beaucoup d'adhérence avec la pierre; et d'ailleurs, ils sont si dispendieux, qu'on y a rarement recours. Ceux de soufre ont le défaut de produire à la longue la destruction du métal qui s'oxide et se convertit en sulfate. Ceux de ciment proprement dit, n'ont que l'inconvénient d'être lents à prendre, car du reste ils sont presque inaltérables. Ceux de plâtre s'altèrent, au contraire, en très-peu de tems par l'action de l'eau. Ceux que l'on fait avec des mélanges de vinaigre, de limaille, de suie et d'urine, sont d'une grande solidité, mais lorsque les trous sont voisins du bord de la pierre, ils peuvent la faire éclater, à moins qu'on n'ait introduit avec les matières de la rapure de liége. Quant aux résines fondues, et mêlées avec des tuileaux pulvérisés, elles sont un bon scellement qui n'a pas les inconvéniens de celui du soufre; mais il est à propos dans cette espèce de scellement comme dans celui par le soufre, d'introduire, dans les trous, des fragmens de tuile passés au feu, qui entretiennent la fluidité de la matière pendant quelque tems, et lui permettent de pénétrer partout également. »

Après les détails préliminaires dans lesquels nous venons d'entrer sur les connaissances diverses que le maçon doit avoir acquises avant de mettre son art en pratique, nous allons exposer successivement la marche à tenir lorsqu'il s'agit de fonder, poursuivre, et achever une construction.

OBSERVATIONS GÉNÉRALES

RELATIVES A LA FONDATION DES BATIMENS.

La première chose à laquelle on doive faire attention, lorsque l'on se propose d'élever un bâtiment, c'est d'en bien établir les fondemens, pour que le terrain sur lesquels ils reposent ne cède pas sous le faix, et que l'ouvrage, à peine achevé, ne présente pas des signes alarmans de décrépitude. En conséquence, il ne faut asseoir les murs que sur un fond résistant et solide; et quand la localité où l'on veut bâtir n'en présente pas de pareil, on a recours aux pratiques de l'art pour remédier à un semblable inconvénient.

La nature du sol sur lequel on veut élever une construction étant une chose très-variable, il est à propos d'expliquer succinctement ce qu'il est le plus à propos de faire dans les divers cas. Le sol peut être de roche, de tuf, de terre franche, d'argile, de sable mouvant ou de tourbe. On n'en rencontre guère qui ne puisse être rapporté à l'un de ceux que nous venons d'énumérer; et ce que nous dirons pourra être considéré comme généralement suffisant.

Fondemens sur le Roc.

Les fondemens que l'on établit sur le roc ou le tuf, sont toujours très-bons. Seulement quand le bâtiment est d'un poids fort considérable, il faut s'assurer par la sonde de l'épaisseur de la roche, crainte qu'il n'y ait au dessous quelque excavation, et que la voûte ne s'affaisse sous le poids. Ces cas sont très-rares, et ils ne se sont guère présentés qu'à Paris, dans les grands édifices du faubourg Saint-Jacques, qui, reposant sur une roche minée par l'extraction des pierres, ont nécessité des constructions souterraines pour le soutien des voûtes qui les portaient.

Fondemens en Terre franche.

Les fondemens en terre franche sont excellens lorsque la couche de cette terre est d'une épaisseur suffisante. On peut s'en assurer, soit par la sonde, soit par le son que produit un corps très-lourd que l'on laisse tomber de haut. Lorsque le terrain ne paraît pas fortement ébranlé par cette chute, et qu'un tambour placé à quelque distance ne résonne pas, on peut compter que les fondemens seront bien assis. Du reste, lorsque les contructions doivent être considérables, et que la sonde a indiqué une épaisseur suffisante de bonne terre, mais au dessous un fond moyennement consistant, il ne faut pas trop tourmenter la bonne couche, crainte d'en diminuer la solidité et l'épaisseur, et d'être obligé d'entreprendre de nouveaux travaux fort coûteux.

Fondemens sur la Glaise.

Les fondemens sur la glaise sont bons et faciles, toutes les fois que le banc de glaise est d'une épaisseur suffisante, ou qu'il repose sur une couche solide; mais quand il est peu épais, et qu'il repose sur un terrain mou et humide, il faut alors prendre des précautions particulières, pareilles à celles que nous allons mentionner en parlant des fondemens en terrain mobile. D'autres fois on peut se contenter, même pour des constructions fort considérables, de poser sur la glaise, après l'avoir creusée le moins possible, un grillage de charpente, d'un pied ou deux plus large que les fondemens; d'en remplir les intervalles des moellons au bain de ciment, de poser par dessus des madriers, retenus par des chevilles de fer, et d'élever ensuite la maçonnerie à assises égales dans toute l'étendue du bâtiment.

Fondemens sur le Sable.

Les fondemens sur le sable ne nécessitent aucun travail extraordinaire quand le sable est ferme; mais lorsqu'il est mouvant et rempli de sources, le meilleur parti que l'on ait à prendre, après avoir tracé les alignemens, et rassemblé les matériaux, est de ne fouiller la terre que pour le travail d'un jour, et aussitôt après de remplir l'excavation d'une assise de gros libage, sur laquelle on en pose une autre en liaison, avec du ciment ou de bon mortier préparé avec une chaux hydraulique, en continuant d'élever assise sur assise jusqu'à fleur du sol. Le lendemain on opère de même à côté de la maçonnerie déjà commencée, et l'on continue ce travail jusqu'à ce que les fondemens soient terminés. L'important est d'opérer vite et d'éviter l'inconvénient des épuisemens. Du reste, la maçonnerie des fondemens n'est pas plus tôt terminée qu'elle est affermie, et l'on peut leur faire porter sans crainte les constructions les plus considérables.

Ce moyen est pratiqué généralement dans la Flandre où l'on rencontre fréquemment un semblable fond. On évite toujours de creuser dans les environs crainte de faire naître quelque source d'eau ; et c'est une précaution utile lorsqu'on se trouve dans de semblables terrains qu'on ne connaît pas.

Fondemens dans des lieux marécageux.

Les fondemens les plus difficiles sont ceux que l'on fait dans des lieux marécageux où, pour l'ordinaire, il faut avoir recours à des épuisemens continuels que l'on opère à l'aide de pompes, chapelets ou autres machines. Quelquefois aussi on est obligé d'établir des bâtardeaux afin de pouvoir creuser assez bas dans la terre pour y enterrer le pied du mur. Quoi qu'il en soit, il est rare que l'on puisse se dispenser de pilotis dans de tels terrains, parce que le fond résistant y est à une trop grande profondeur. En conséquence, on détermine par un pilot d'essai, que l'on enfonce jusqu'au refus du mouton, la longueur de ceux qu'on doit employer, et cette longueur reconnue, on en garnit les deux côtés de la fondation en proportionnant leur distance à la quantité dont on croit avoir besoin pour faire un ouvrage solide.

Quand le fond n'est pas résistant,

on se contente de durcir au feu l'extrémité des pilots. Dans le cas contraire, on les arme d'une pointe ou sabot en fer par un bout, et par l'autre, d'un collier de même métal. La force des pieux est également variable, selon la résistance qu'ils doivent rencontrer; mais, en général, on peut les regarder comme bien proportionnés, lorsqu'ils portent, avec douze pieds de longueur, un pied ou dix pouces de large, et six ou sept pouces d'épaisseur. Quant à la longueur qui doit leur être donnée dans les divers cas, quelques-uns pensent qu'elle doit être le sixième de la hauteur à laquelle on doit élever les murs, mais il est mieux de dire qu'elle est subordonnée à la nature du sol, et à celle des ouvrages que l'on entreprend.

Quelquefois il est nécessaire d'ajouter à l'effet des pieux, en les entrelaçant de palplanches, c'est-à-dire, de pieux semblables, mais plus minces, que l'on fait entrer de force entre deux pilots, dans l'épaisseur desquels on a pratiqué, lors de l'équarrissage, de larges rainures destinées à les recevoir. En conséquence, lorsqu'on a placé deux pilots à une distance convenable, on introduit entre eux une palplanche que l'on enfonce jusqu'au refus du mouton. Ensuite on place successivement un pilot et une palplanche, jusqu'à ce que tout l'ouvrage soit achevé. Dans tous les cas, lorsque tous les pieux sont enfoncés, on les recepe en les arrasant au bas du fondement que l'on veut poser; on dégage un peu l'espace compris entre les deux lignes; on le remplit de moellons enfoncés à force; on lie la tête de tous les pieux à l'aide de longues pièces de bois que l'on fiche avec des chevilles de fer, et l'on commence à élever les fondemens. Quelquefois on les fait supporter par de courts madriers dont on forme un plancher qui joint les deux rangées de pieux. Ce plancher est recouvert d'un peu de paille ou de mousse pour que le mortier que l'on met dessus ne l'attaque pas. Dans les constructions importantes, on enfonce souvent une seconde ligne de pieux au devant des murs. On lie ces pieux, comme les premiers, par une pièce de bois qui forme chapeau.

Assise des Fondemens.

La profondeur à laquelle on doit creuser les fondemens est variable, selon la nature du sol et l'importance de la construction; mais l'usage général est de leur donner, suivant les cas, le huitième, le dixième ou le douzième de la hauteur totale des murs qu'on veut élever. L'aire sur laquelle on les établit doit être ferme et bien dressée de niveau. Les premières assises se posent à sec, ensuite on élève le fondement en pierres de taille et en forts moellons, avec mortier de bonne qualité. Au rez-de-chaussée des caves on est dans l'usage de poser une assise de pierre de taille dure, et l'on élève des chaînes de pierre semblable sous la naissance des arcs que l'on fait pour les voûtes des caves. Quoique ces pratiques ne puissent être suivies dans toutes les constructions particulières, il faut s'y conformer autant qu'on le peut. Il faut aussi avoir soin de donner au fondement quatre ou six pouces d'épaisseur de plus qu'aux murs, et élever ceux-ci avec *fruit*, c'est-à-dire, en diminuant leur épaisseur à mesure que l'on les élève. Lorsque les murs appartiennent à des bâtimens, le côté extérieur est le seul où l'on réserve du fruit, parce que le côté intérieur est suffisamment maintenu par la poussée des parties intérieures de l'édifice. Quelquefois même on élève ce côté intérieur en sur-à-plomb, mais d'une façon peu sensible. Dans tous les cas, la diminution totale dans l'épaisseur du mur est de trois lignes par toise environ, à quoi il faut ajouter une retraite d'un pouce par chaque étage. Mais avant que d'entrer dans plus de détails sur les soins à prendre dans l'élévation des murs, nous allons dire un mot des différentes manières de bâtir.

CONSTRUCTIONS DE DIFFÉRENS GENRES.

—

Les murs se construisent de plusieurs manières, suivant les lieux, la destination des constructions, et les facultés du propriétaire. Nous allons signaler succinctement ce qui les distingue ; après quoi nous reviendrons aux généralités qui appartiennent à toutes les constructions.

Construction en pierre de taille.

La meilleure manière de bâtir est en pierre de taille, surtout lorsque cette pierre est dure, et qu'elle résiste, sans en recevoir grand dommage, à toutes les intempéries des saisons; mais comme les constructions en pierre de taille sont pour l'ordinaire fort dispendieuses, on n'y a guère recours que pour les faces des grands bâtimens. Alors on met celle qui est la plus dure dans les assises inférieures, et on réserve la plus légère pour les étages supérieurs, ayant soin cependant de ne jamais employer celle-ci pour les appuis, les chaînes sous les poutres, et les jambes boutisses.

Dans les constructions fort soignées, lorsque les surfaces des pierres de taille sont bien unies, on peut se contenter de poser les pierres les unes sur les autres sans employer de mortier, ou seulement en mettant entre chacune une mince lame de plomb; les pierres sont maintenues alors à leur place par leur propre poids, et les joints sont presque insensibles. Dans les cas ordinaires, on se contente de préparer un mortier fin et liquide, et, à l'aide d'une scie à main, on fait entrer ce mortier entre les joints. Il est retenu dans les joints verticaux à l'aide d'un peu de filasse, et des cales de bois qui soutiennent la pierre permettent d'en introduire dans les joints horizontaux. Quand les pierres sont suffisamment appareillées, un lait de chaux épais remplace le mortier avec avantage, et alors on peut éviter de faire usage de cales. Dans tous les cas, le plâtre est proscrit, et il ne doit jamais faire partie d'aucun ouvrage destiné à une longue durée.

Constructions moyennes.

Il y a une sorte de maçonnerie moyenne dans laquelle les encadremens sont seuls en pierre de taille, tandis que le remplissage est en moellons ou en briques, avec mortier de chaux et sable. Cette manière de construire est d'autant plus solide, que l'on a plus de soin d'employer de bonne pierre de taille à toutes les places où se fait le plus grand effort; comme aux encoignures, aux entourages de portes et croisées, aux corniches, aux soupiraux de caves, etc. On doit ſaire choix aussi de moellon bien appareillé, c'est-à-dire équarri et ébousiné. Quant à la brique, la principale qualité à laquelle on doive s'attacher est sa cuisson.

Dans les pays où la pierre de taille est très-rare, on fait une maçonnerie moyenne, comme celle dont nous venons de parler, mais dans laquelle on remplace la pierre de taille par la brique. Alors les chaînes, jambages, pieds-droits, encoignures, etc., sont en brique, et le reste en moellon piqué. Quand le mortier est bon, cette maconnerie ne laisse pas que d'être solide, mais elle l'est moins qu'une maconnerie toute en briques, lorsque celle-ci est d'une épaisseur convenable. Car, comme la brique est de bonne assise, on en abuse souvent pour faire des murs trop peu épais.

Dans la maçonnerie moyenne, où l'encadrement est en briques, le remplissage se fait quelqueſois de cailloux raboteux, populairement appelés *bisards* en quelques provinces. Ces cailloux, dont on équarrit la tête, se lient fort bien avec le mortier, et on en obtient des constructions très-solides. Il faut cependant ajouter par intervalle à la liaison des deux moitiés du mur, l'intérieure et l'extérieure, en posant une double assise de briques.

Maçonnerie en liaison.

La maçonnerie en liaison, est celle dans laquelle on emploie des pierres qui ne traversent pas, et qu'on nomme *carreaux*, et des pierres *boutisses* qui traversent. Ces pierres doivent être posées en recouvrement, de manière à ne laisser aucun vide dans le milieu de l'épaisseur du mur, et à éviter le remplissage. Ainsi, dans un mur de deux pieds d'épaisseur, par exemple, les pierres doivent avoir, les unes, seize à dix-huit pouces de long, et les autres, six à huit pouces pour faire une bonne liaison. Alors il n'y a pas de vide dans le milieu du mur, et on ne court pas le risque de la voir se détruire en se creusant dans son milieu. Si les carreaux n'avaient pas les proportions que nous avons indiquées, il faudrait faire un fréquent usage de pierres boutisses pour les maintenir, et empêcher la séparation de deux moitiés du mur. Les pierres dont on fait usage dans cette espèce de maçonnerie sont équarries dans leur longueur, et piquées en tête. On les place de manière que les joints verticaux tombent toujours sur du plein, c'est-à-dire sur le milieu d'une pierre ou à peu près.

Limousinage.

On connaît une sorte de maçonnerie plus grossière, et néanmoins fort usitée, que l'on surnomme *limousinage*. Elle consiste dans l'emploi de moellons posés sur leur lit, sans être équarris ni piqués, et dont on ne retranche pas même toujours le bousin. Ce genre de maçonnerie n'a lieu que pour des murs qui doivent recevoir un enduit, aussi les dehors en sont-ils fort raboteux. On a soin de n'employer que du moellon dont la longueur soit moindre ou plus grande que la moitié de l'épaisseur des murs, afin d'éviter les vides qui se trouveraient dans le milieu. On fait aussi un fréquent usage de pierres boutisses. Le limousinage est employé tantôt seul, et tantôt avec des chaînes de pierre de taille ou de brique. Quand il est seul, ce n'est jamais que pour des constructions peu importantes, et alors on emploie indifféremment, pour lier les pierres, le mortier ou le plâtre.

Blocage.

Dans plusieurs cantons on use d'une maçonnerie qu'on appelle du *blocage*, et dans laquelle on emploie de menues pierres avec du mortier dans les fondemens, et avec du plâtre ordinairement hors de terre. Quand on n'emploie que de bon mortier prenant vite, et capable d'acquérir beaucoup de dureté, ce genre de maçonnerie présente beaucoup d'avantage dans les pays dépourvus de grosses pierres. Il est en outre fort économique, et permet d'élever des ouvrages fort considérables en peu de tems, et avec les premiers matériaux qui se rencontrent. Les Romains en faisaient un fréquent usage, et la qualité de leur mortier, qui prenait fort vite et qui leur permettait d'employer toutes les pierres, jusqu'aux cailloux des torrens, explique comment ils purent élever en si peu de tems de si immenses ouvrages.

Maçonnerie en Brique.

La maçonnerie dans laquelle on emploie la brique est d'un grand usage dans les pays où la pierre est rare ou de mauvaise qualité, et elle présente une grande solidité quand la brique est faite de bonne terre bien pétrie et bien cuite. Si la brique était tendre et spongieuse, il faudrait éviter de l'employer dans les fondemens, parce que l'humidité ne tarderait pas à la pourir, et ne la réserver que pour les murs intérieurs, car il ne conviendrait pas de l'employer à l'extérieur pour des constructions destinées à une longue durée. Si elle était bien cuite au contraire, on pourrait l'employer avec avantage dans toutes les parties du bâtiment, quoiqu'il valût toujours mieux faire usage de pierre de taille pour les pieds-droits des baies, les encognures, corniches, etc. Si l'on voulait économiser sur la pierre de taille, on ferait bien néanmoins d'en placer des quartiers, appelés *battées*, au haut, au bas et au milieu des jambages, afin de recevoir les gonds des portes, les gâches des serrures, et les divers objets qui demandent à être scellés.

L'épaisseur des murs de brique est désignée communément par l'énonciation de la quantité de briques ou de parties de briques qui constituent cette épaisseur. Ainsi, l'on dit d'un mur qu'il est de deux ou trois briques d'épaisseur, lorqu'il est formé de deux ou trois briques mises bout à bout. Il est de deux briques et demie, s'il est formé de deux briques dans le sens de leur longueur, auxquelles on en ajoute une dans le sens de sa largeur. Enfin il est d'une brique, d'une demi-brique, d'un quart de brique, selon qu'il est formé par la longueur, la largeur, ou l'épaisseur d'une brique. Dans ce dernier cas, la brique est mise de champ, ce qui n'a jamais lieu que pour des séparations peu importantes, à la solidité desquelles on ajoute, en plaçant de distance en distance, des poteaux de bois et des traverses.

ÉLÉVATION DES MURS.

Après ces détails sur les différentes espèces de maçonnerie, nous allons reve–

nir à notre propos, et parler des soins et des précautions dont l'observation est nécessaire lorsque l'on élève des murs.

Murs de face.

Il faut observer, comme nous l'avons déjà dit, de faire les premières assises du rez-de-chaussée en pierre de taille, toutes les fois que l'importance de la construction le demande, et de placer ces pierres par assises égales bien de niveau, et dans le même sens que dans la carrière; à cet effet, on les appareille avec soin, et on les lie avec un lait de chaux épais, où un mortier fin, sans cale. Dans les édifices qui méritent moins d'attention, on les cale avec des morceaux de latte, entre lesquelles on fait couler du mortier, et on les jointoie.

L'épaisseur que l'on donne aux murs varie selon la destination du bâtiment, comme nous l'avons déjà dit; mais dans les villes où toutes les maisons s'appuient l'une l'autre, on a coutume de ne leur donner que deux pieds d'épaisseur pour dix toises d'élévation. On n'a pas oublié que les fondemens ont en surplus une épaisseur de six pouces. Dans l'élévation des murs, on observe de ménager en dehors de trois à six lignes de talus en retraite par chaque toise, et de les construire d'aplomb en dedans. Si l'on voulait construire un mur isolé, et qu'il fallût ménager une retraite des deux côtés, l'axe du mur devrait toujours passer par le milieu des fondemens.

Lorsque l'épaisseur des murs que l'on veut élever a été déterminée d'après l'examen de la nature et de la qualité des matériaux, la connaissance des poids que ces murs ont à supporter, tel que le poids des planchers, des entablemens et des combles, et la considération de la poussée des arcades, portes et croisées, il faut élever le bâtiment, en ayant soin d'en fortifier les angles, en y employant de la pierre dure, lorsqu'on le peut, en leur donnant une plus grande épaisseur. On doit aussi n'employer, en général, que de bon mortier de chaux et de sable; mais si l'on voulait employer du plâtre, il faudrait laisser un peu de distance entre les arrachemens et les chaînes de pierre, parce que le plâtre est sujet à renfler dans les premiers jours, et que sa poussée pourrait nuire à la solidité des murs. Dans tous les cas, à mesure que le bâtiment s'élève, il faut laisser par dehors, à chaque étage, une retraite d'un pouce sur la plinthe que l'on a coutume de ménager.

Murs de refend.

Les murs de refend demandent les mêmes précautions générales que les murs de face, seulement on les fait toujours moins épais. Quand on les destine à supporter des planchers, ils doivent avoir néanmoins une solidité considérable, et il convient de les élever à quelques pieds de terre, en pierre dure sur de bons fondemens, afin de les préserver de l'humidité. Du reste, leur épaisseur varie selon l'importance de la construction et les divers cas. L'épaisseur de dix-huit pouces est fort convenable dans les maisons particulières; cependant on se contente plus souvent d'un pied; et même quand la construction est en briques, on ne les fait quelquefois que de huit pouces. Quand ces murs ne sont pas destinés à supporter des planchers, on peut ne leur donner que l'épaisseur d'une demi-brique, ou même d'un quart de brique, mais alors il convient de consolider le refend par des montans et des traverses en bois. Quelquefois même on les construit en planches latées que l'on recouvre d'un enduit. Il n'est pas de notre objet de parler des autres cloisons de bois dont la construction regarde le charpentier, et où le maçon n'a qu'un garnissage á faire.

Les murs de refend, destinés à supporter les planchers, reposent sur le sol, et s'élèvent d'étage en étage, en diminuant quelquefois d'épaisseur à mesure qu'ils s'élèvent. Jamais ils ne reposent sur des planchers, et rarement sur des voûtes, parce qu'ils les surchargeraient trop. Quant à ceux qui ne sont destinés qu'à faire de légères séparations à chaque étage, on les place sans inconvénient partout où il est jugé nécessaire.

Murs de Terrasse.

Les murs de terrasse diffèrent des précédens en ce qu'ils n'ont qu'un parement, et qu'ils sont faits pour retenir les terres contre lesquelles ils sont appuyés. On en fait de deux espèces; les uns fort épais sans contre-forts, les autres moins épais avec contre-forts. Leur épaisseur, du reste, est variable selon l'inclinaison et la nature des terres qu'ils sont destinés à soutenir, et encore selon la position plus ou moins défavorable où on les construit. Ces murs doivent généralement être très-solides, parce qu'ils sont exposés à une forte poussée latérale, surtout en hiver et au printems, où les terres humectées par les neiges et les pluies ont plus de tendance à s'ébouler. Pour les rendre solides, on leur donne une épaisseur considérable, et on les incline encore considérablement vers les terres qu'ils doivent soutenir; et, lorsqu'on ne leur donne pas une grande épaisseur, on les soutient par des contre-forts. Dans les cas fort rares où on ne les élève pas en talus, on ajoute à leur épaisseur, et l'on place en dedans les contre-forts qui auraient dû être placés à l'extérieur.

Les meilleurs murs que l'on puisse construire en ce genre sont ceux que l'on fait en pierre de taille. Ces pierres doivent être alternativement posées en carreau et en boutesie, comme cela se fait pour tous les murs en général. Quand on ne fait que les chaînes, encoignures et cordons en pierre de taille, on fait le reste en moellon piqué par assises dans les paremens, et l'on place à l'intérieur du moellon dont on s'est contenté d'ôter le tendre. Dans quelques pays où la brique est commune, on met la brique en parement, au lieu de moellon piqué, et l'ouvrage n'en est que plus solide. Si l'on manquait de pierre de taille, il faudrait la remplacer par de la brique, dans les chaînes et les encoignures; la brique devrait être posée, comme la pierre de taille, en carreaux et boutisses alternativement.

Dans la construction des murs de terrasse, il est d'usage de ménager dans leur épaisseur des ouvertures verticales longues et étroites, et revêtues en brique ou pierre de taille, afin de permettre à l'humidité des terres de s'exhaler et de diminuer d'autant leur poussée. Ces ouvertures se nomment *évens.*

Murs de Clôture.

Les murs de clôture ressemblent aux précédens, toutes les fois qu'ils sont placés dans des endroits dont le terrain n'est pas également élevé des deux côtés.

Dans ce cas, on leur donne une épaisseur et un talus proportionnés à l'effort qu'ils ont à soutenir, et on y dispose également des évens. Dans les autres cas, leur construction ne présente rien de particulier; on les élève avec fruit de chaque côté, et comme ils sont rarement en pierre de taille, on se contente de les fortifier de douze en douze pieds par des chaînes de cette pierre ou de brique. On distribue en outre quelquefois d'espace en espace des pierres, qui forment parpaing, et qui liant le moellon sur les deux faces, ajoutent à la solidité du mur. Il est avantageux aussi de faire les premières assises d'un cours de parpaing, ou au moins de moellon piqué. Les murs de clôture de quelque importance reçoivent un chaperon en pierre de taille.

En Normandie, où l'on voit de très-bons murs de clôture, on est dans l'usage de faire les premières assises sur le fondement avec de gros cailloux que l'on trouve entre des bancs de calcaire tendre, et que l'on place après les avoir équarris en tête. Au-dessus, on fait régner un cordon de brique; on fait une retraite d'un pouce, et l'on continue d'élever le mur en moellon tendre piqué en tête. Ces murs soutenus par des chaînes de brique, et pour lesquels on fait usage de très-bon mortier, durent fort long-tems. On les recouvre avec un chaperon formé de briques inclinées, qui, d'un côté, s'appuient sur un cordon aussi de brique, et, de l'autre, supportent un rang de brique en carreau. Cette maçonnerie est liée par un bon mortier, avec des joints en ciment.

Il se fait encore des murs de clôture en moellons, maçonnés avec mortier de terre, avec ou sans chaux, maçonnés avec mortier de chaux et de sable. Il s'en fait en plâtre et platras, surtout aux environs de Paris. Enfin, il s'en fait aussi en terre. Ces derniers reposent d'ordinaire sur quelques assises de moellons bruts maçonnés en terre, et portent un chaperon de paille qui les protège coutre la pluie.

CONSTRUCTION DES VOUTES.

Dans les voûtes de grande importance on n'emploie que de la pierre de taille dure, et l'on appareille les voussoirs avec un soin particulier; mais, quelle que soit l'ouverture de ces voûtes, leur solidité est toujours d'autant plus grande que les voussoirs ont plus de queue, Chaque voussoir peut être considéré alors comme une pyramide quadrangulaire tronquée, dont la plus petite base forme une partie de la surface concave de la voûte, et dont les arêtes prolongées se rencontreraient en un des points de l'axe de la voûte. Une voûte construite avec de semblables pierres bien appareillées, offre une résistance proportionnée à la dureté de ces pierres, et n'emprunte aucune partie de sa solidité à la qualité du mortier que l'on y emploie. Il n'en est pas de même dans les voûtes que l'on construit avec des briques. Comme les briques sont également épaisses dans les deux bouts, on ne peut les retenir en place qu'avec le mortier, et le mortier de plâtre qui prend sur-le-champ, est le meilleur dont on puisse user en ce cas. Néanmoins on emploie aussi du mortier de chaux et de sable, qui n'a pas l'inconvénient, comme le plâtre, de pousser les murs au dehors; mais comme il sèche lentement, il est bon d'y mêler de la chaux vive lors de l'emploi. Du reste, les voûtes construites en brique ne sont solides qu'autant que le mortier est bon, et c'est pour cela que celles qui n'ont qu'une demi-brique d'épaisseur ne peuvent présenter quelque résistance, que lorsque leur portée est très-peu considérable.

Dans les pays où la brique est rare, les voûtes se construisent en moellon piqué en tête, équarri et ébousiné, que l'on pose avec mortier ou plâtre, en ayant soin de faire tendre les coupes au centre de la voûte. Quelquefois on ajoute à la solidité des voûtes en moellons ou en brique, en les fortifiant par des arcs de pierre de taille.

Dans les voûtes simples, voici comment il faut opérer pour déterminer la forme à donner à chaque voussoir. On commence par mesurer le développement de l'arc de la voûte que l'on veut construire; on ajoute au rayon de cet arc la hauteur que l'on se propose de donner à chaque voussoir, et on pose une proportion, dont les trois premiers termes sont: le rayon de la voûte, ce rayon, plus la hauteur des voussoirs et le développement de l'arc de la voûte. Le quatrième terme que l'on obtient en multipliant les deux derniers, et divisant le produit par le premier, est la mesure du développement de l'arc extérieur qui passerait par l'extrémité supérieure des voussoirs. Quand on a le développement de ces deux arcs, rien n'est plus facile que d'assigner les proportions de chaque voussoir. A cet effet, il suffit de les diviser en autant de parties que l'on veut avoir de voussoirs. Les divisions de l'arc intérieur donnent l'épaisseur du voussoir à la queue, et celles de l'arc extérieur donnent son épaisseur à la tête.

PLANCHERS EN GÉNÉRAL.

A mesure que les murs sont élevés à la hauteur de chaque étage, les charpentiers posent les planchers dont on lie les pièces dans les murs avec des liens et étriers de fer, et lorsque ces pièces sont scellées convenablement, on continue la maçonnerie. On évite dans ces scellemens, de mettre le mortier de sable et de chaux en contact avec le bois, parce que la chaux l'altère à la longue, et on l'entoure de préférence d'un mortier de terre. Quoiqu'il ne soit pas de notre objet de parler ici de ce qui a trait à l'art du charpentier, nous dirons cependant qu'il est d'une grande importance de choisir des bois sains, vieux coupés et dégarnis de tout aubier.

Autant qu'il est possible, ces bois ne doivent pas porter sur des murs de face, parce qu'ils en diminuent la solidité, il y a moins d'inconvénient à les faire porter sur les murs de refend où leurs extrémités pouvant traverser les murs, l'échauffement est moins à craindre; et il est mieux encore, surtout quand ils ne sont pas de grande longueur, de les faire porter sur des sablières arrêtées le long des murs à l'aide de corbeaux de fer. Lorsque les solives ont une portée un peu considérable relativement à leur force, elles plient beaucoup dans le milieu, et ordinairement les unes plus que les autres. C'est un inconvénient auquel on remédie quelquefois en les liant avec des liernes ou pièces de bois, que l'on entaille et que l'on pose en travers par dessus les solives. auxquelles on les attache en outre par de bonnes chevilles de bois qui traversent la lierne et les deux tiers de l'épaisseur des solives. Mais cette pratique n'est pas sans défaut, parce que les liernes passent par dessus les solives, et obligent de donner plus d'épaisseur au plancher, et l'on se contente souvent de mettre entre les solives des bouts de bois qu'on appelle *étrésillon*, que l'on pousse à force, après en avoir engagé les extrémités dans une petite entaille pratiquée dans les faces latérales de chaque solive.

Les dispositions qui précèdent ne regardent que le charpentier, mais lorsque celui-ci a conduit l'ouvrage à ce point, la besogne du maçon commence.

Planchers de différentes façons.

On fait des planchers de plusieurs façons, mais nous n'en rapporterons que les principales, parce que les autres ne diffèrent de celles-là par aucun point important.

La première et la plus simple, mais que l'on ne suit plus guère que dans les campagnes, consiste à latter par dessus les solives, à lattes jointives, et à recouvrir les lattes d'une aire de plâtre qui doit servir de soutien au carreau ou au parquet. Dans ces planchers, les poutres et solives sont apparentes, et l'on ne revêt au dessous d'un enduit de plâtre que les entrevoux. Du reste, l'on réserve des intervalles vides, pour l'établissement des foyers, et on les maçonne en plâtre et platras supportés par des chevrettes de fer; si l'on n'avait pas réservé ainsi quelque intervalle dans une pièce, et que néanmoins on voulût y établir un foyer, on ne pourrait le faire qu'en l'élevant au-dessus du carreau d'un rang de briques d'épaisseur.

La deuxième espèce de plancher se compose de solives posées de champ, sans poutres. Ils sont plus agréables que les précédens, en ce que, n'étant point interrompus, ils reçoivent des plafonds d'un meilleur effet. Du reste, on y place également des solives d'enchevêtrure et des chevrettes pour les foyers. On les latte par dessus et par dessous, et on les revêt de plâtre des deux côtés; de l'un pour recevoir le carreau, et de l'autre pour former le plafond. Il faut éviter de trop rapprocher les lattes, parce que le plâtre ne pouvant s'engager entre elles, le plafond serait sujet à se détacher. Le mieux est de laisser autant de plein que de vide. Alors on fiche de grands clous entre les solives garnies de leurs étrésillons, on fait supporter par ces clous une maçonnerie grossière en plâtre et platras, on cloue les lattes, au-dessus et au-dessous, et on applique le plâtre qui, se liant avec celui de cette maçonnerie, forme un ensemble de la plus grande solidité.

On fait encore une troisième espèce de plancher, qui a les plus grands rapports avec la précédente, mais qui nécessite de plus grands frais. Ce cas se présente toutes les fois que l'on a été obligé d'employer des poutres, et que l'on veut les noyer dans l'épaisseur des planchers. A cet effet, on construit un second plancher au-dessous du premier; mais on y emploie du bois très-faible parce qu'il ne doit supporter que le plafond. Du reste, on lui donne la même figure qu'au plancher supérieur. On cloue ensuite des lattes, comme s'il ne s'agissait que d'un seul plancher, et l'on plâtre et plafonne à l'ordinaire.

Quoique l'on varie singulièrement la façon des planchers, suivant l'importance de la construction, tout ce qui se fait d'essentiel, se réduit à-peu-près à ce que nous avons dit.

Ainsi nous ne parlerons pas des planchers dans lesquels l'intervalle des solives est maçonné en briques, parce qu'ils ne sont guère usités, à cause de la surcharge qui en résulte pour les bâtimens, et parce qu'en outre leur construction ne suppose aucune connaissance nouvelle. Nous ne parlerons pas non plus de ceux que l'on construit quelquefois pour les galetas, et sur lesquels on ne doit marcher que fort rarement, parce qu'on les construit absolument comme les précédens, à l'exception qu'on se dispense de latter et de plâtrer par dessus.

CONSTRUCTION DES CHEMINÉES.

Les cheminées se construisent de trois façons différentes; en briques, en pierre de taille et en plâtre. La meilleure construction est en briques posées de plat, maçonnées avec un mortier de chaux et de sable, et soutenues par des fantons, ou tringlettes de fer brut garnies d'un crochet. On doit enduire le dedans le plus uniment possible, afin que la suie s'y attache moins, et employer à cet effet un mortier très-fin ou du plâtre. La construction en pierre de taille ne diffère en rien de celle-ci; mais comme elle est fort dispendieuse, il est rare qu'on y ait recours, hors dans les palais. Du reste, il faut également maçonner avec soin ces pierres avec un mortier fin, et les soutenir de crampons de fer. La construction en plâtre ne se pratique communément que dans les cantons où le plâtre abonde. On emploie à cet effet de très-bon plâtre que l'on pigeonne à la main; c'est-à-dire, que l'on n'applique ni ne jette, mais que l'on pose par poignées, et que l'on élève doucement entre la truelle et la main. Les languettes que l'on forme de cette manière doivent avoir au moins trois pouces pour que la construction soit solide. On emploie des fantons pour lier les languettes latérales avec celles de face, et ces fantons, placés de trois en trois pieds, sont scellés dans des trous pratiqués au fond des tranchées que l'on a creusées dans le mur pour recevoir les languettes.

La construction des cheminées ne présente aucune difficulté, mais il faut souvent beaucoup de sagacité pour les placer et les dévoyer dans l'épaisseur des murs de la manière la plus convenable. Autrefois on se contentait de les élever perpendiculairement, et de les adosser les unes devant les autres à chaque étage, mais il en résultait une masse de constructions qui surchargeaient les planchers et nuisaient à la symétrie des pièces. En outre, tous ces conduits verticaux étaient beaucoup plus sujets à fumer que les conduits un peu inclinés que l'on pratique aujourd'hui. Ainsi, ce à quoi l'on doit maintenant s'attacher est de les dévoyer dans l'épaisseur des murs, sans en diminuer la solidité. Par ce moyen, on gagne beaucoup d'espace, et on ne déforme pas les appartemens. Quant à la position des cheminées, l'usage veut qu'elles soient adossées à des murs de refend, ou aux murs latéraux de l'édifice, dans le milieu des pièces, et jamais opposées au jour, toutes les fois que l'on peut faire autrement. Dans ces derniers tems, on a imaginé, avec succès, de les adosser quelquefois à des murs de face, en les plaçant dans l'embrasure d'une croisée, avec un tuyau incliné. La croisée qui surmonte le chambranle de la cheminée remplace la glace, et ne fait pas un moins bel effet.

La profondeur que l'on doit donner aux tuyaux de cheminée ne peut être moindre de neuf pouces, et ne doit pas excéder un pied. Leur largeur ne doit non plus varier que de trente à trente-six pouces. Au dessous de ces limites, les cheminées sont sujettes à fumer, et, au-dessus, il y a une déperdition de chaleur trop considérable. Quelquefois on construit des tuyaux de cheminée en terre cuite; mais ce n'est jamais que pour de très-petites pièces dont la cheminée occupe un des angles. On attache sur la fermeture de ces cheminées, une chaîne de fer de toute la longueur du tuyau, afin de pouvoir détacher la suie au besoin.

Lorsque l'on veut ménager une cheminée dans l'épaisseur d'un mur déjà fait, il est des cas où l'on coupe le mur dans toute son épaisseur, et alors on construit un mur de dossier en carreaux de pierre ou en brique. Mais comme il est rare que l'on perce entièrement un mur à cet effet, on se contente de le dégrader à mi-mur, et d'y faire ensuite les raccordemens nécessaires. Il faut observer de ne jamais dévier de leur aplomb les cheminées qui occupent toute l'épaisseur d'un mur de refend, parce que la partie de ce mur qui serait en suraplomb, n'aurait pour soutien que les languettes de la cheminée, et ne serait pas d'une solidité suffisante. Cet inconvénient subsiste également relativement aux murs latéraux de l'édifice, lorsqu'ils ne sont pas d'une épaisseur suffisante.

Les jambages des manteaux de cheminées se font communément en brique; mais on en fait aussi en pierre de taille dans les maisons considérables, et en moellon ou plâtre dans les constructions de peu d'importance. Ces manteaux ont des dimensions en harmonie avec les lieux pour lesquels on les fait, et leur largeur dans œuvre varie depuis deux pieds trois pouces jusqu'à cinq pieds, sur une hauteur de trois pieds et demi à quatre pieds. Leur profondeur ne doit jamais être moindre de dix-huit pouces, et elle augmente comme les autres dimensions.

La gorge et le manteau d'une cheminée sont toujours supportés sur ses jambages, à l'aide d'une barre de fer coudée d'une force convenable dont les extrémités sont scellées dans la maçonnerie. On se dispense de mettre cette barre dans les cheminées de cuisine qui sont fort hautes, parce qu'elles ont communément un manteau de bois revêtu de plâtre. Dans ces dernières cheminées, les jambages sont presque toujours en pierre de taille; dans les autres, ils sont ordinairement en brique, mais ils reçoivent un revêtement fort souvent en marbre, qui les recouvre en partie. Le reste de leur surface extérieure est enduit de plâtre, et recouvert d'une peinture à l'huile imitant le marbre. Quant au manteau, il est également revêtu en marbre, ou au moins en pierre fine que l'on peint à l'huile.

Autrefois on garnissait le contre-cœur des cheminées en grès ou en briques, mais on ne les garnit plus aujourd'hui que d'une plaque de fonte. Dans les grands appartemens, on met plusieurs plaques que l'on pose en coulant derrière du plâtre gâché très-clair, et qui forment un revêtement complet. L'âtre des cheminées repose toujours sur un vide conservé exprès dans le plancher, et on le soutient à l'aide de deux barres de fer coudées aux extrémités, et qui s'appuient sur les solives d'enchevêtrure. Quand ces deux barres ne paraissent pas suffisantes, on les croise par une autre qui s'appuie par un bout sur le chevêtre, et qui, par l'autre, est scellée dans le mur de face. Ces barres servent de support à une maçonnerie de plâtre, et platras taillés en voussoirs ou de briques, à laquelle on donne toute l'épaisseur du plancher, et que l'on pave en carreaux. Quand les cheminées sont revêtues en marbre, la partie antérieure de l'âtre est recouverte d'une longue dalle de même matière qui va d'un jambage à l'autre.

Il arrive quelquefois, lorsque l'on veut établir une cheminée dans un appartement, qu'il se trouve une solive d'enchevêtrure à l'aplomb du manteau. Alors il faut dévoyer le tuyau, de manière à l'éloigner du bois de quelques pouces, et élever d'un côté une languette aplomb sur le manteau, pendant que de l'autre on répare l'inconvénient du sur-aplomb par une sorte de coffre en maçonnerie légère. Par ce moyen, on évite le danger du feu. C'est ce danger qui oblige de ne placer aucun morceau de bois dans les tuyaux de cheminée, et d'élever aussi les jambages, non d'aplomb sur les solives d'enchevètrures, mais à quelques pouces au dedans.

FOSSES D'AISANCES.

L'usage est de placer les conduits des fosses d'aisances, dans les angles des escaliers de moindre importance ou dans quelque coin écarté. Ces conduits ne se font presque plus qu'en poterie de grès vernie, et on les maintient en place avec des carcans de fer scellés dans le mur. On a soin de les isoler de ce mur de deux pouces, et on les cache au moyen d'une languette de plâtre scellée dans deux feuillures, et que l'on enlève lorsqu'il se fait quelque filtration. Les tuyaux sont ensuite séparés l'un de l'autre à l'aide d'un fer chaud qui sert à enlever le mastic résineux employé pour leur scellement bout à bout. Le siége des lieux ne présente plus simplement une ouverture en communication directe avec le tuyau. Il est garni d'une cuvette en faïence, dont le fond porte une soupape métallique qui ne s'ouvre que pour le passage des matières ; et, à côté, est un réservoir d'eau qui communique à cette cuvette par un robinet, et sert à enlever les matières qui pourraient s'y être attachées. Il est d'usage, de quelque manière que soient construites les fosses d'aisances, de pratiquer des ventouses qui, s'élevant depuis la fosse jusqu'au haut des toits, conduisent dans l'atmosphère les gaz méphitiques.

ESCALIERS.

Les escaliers sont une partie fort essentielle dans un bâtiment, et il importe que leur situation et leur forme soient en harmonie avec les localités et les besoins du service. De là la nécessité, pour les constructeurs, de les rendre de facile accès, de les éclairer d'un beau jour, et de proportionner la hauteur des marches et la largeur des girons à la mesure du pas le moins propre à fatiguer lorsque l'on monte.

Pendant long-tems il a été en usage,

dans plusieurs provinces, de placer les escaliers des maisons particulières au dehors, mais cet usage est totalement aboli, et l'on ne pratique plus d'escaliers qu'à l'intérieur. Là on ne peut rien établir de déterminé sur leurs positions, surtout dans les villes, parce qu'il faut avoir égard à la fois à l'économie, à la destination du local, au resserrement du terrain, et souvent au défaut du jour. Ce que l'on peut dire de mieux, c'est qu'en général il y a de l'avantage à les placer à côté du vestibule, toutes les fois que, placés en face de la porte d'entrée, ils pourraient masquer la vue de quelque jardin. Si on les réléguait aux extrémités du bâtiment, ils présenteraient beaucoup moins de commodités pour le service, et ne pourraient être un objet de décoration. A côté du vestibule, au contraire, ils seraient en vue et placés dans une partie centrale du bâtiment. Si le bâtiment avait une importance telle qu'un escalier ne fût pas suffisant, on pourrait en construire deux de même forme, que l'on placerait symétriquement, et qui, suivant leur disposition et leurs dimensions, suffiraient pour le bâtiment, ou seraient placés comme subordonnés à un escalier principal.

Dans tous les cas, quels que soient l'emplacement et la forme d'un escalier, il faut avoir soin de l'éclairer d'un jour convenable, de manière à répandre sur toutes ses marches une clarté à peu près égale. Ces dispositions sont abandonnées à la sagacité de l'artiste, et c'est à son expérience ou à son génie à lui prescrire ce qui est le plus opportun dans chaque cas. Nous dirons seulement qu'il est souvent fort avantageux de recevoir ces jours d'en haut, et d'éclairer les escaliers en lanterne, parce qu'il en résulte une lumière égale sur toutes les rampes, surtout lorsque ces escaliers se terminent au premier ou au second étage, comme comme cela à lieu pour l'escalier principal dans les grandes maisons, où on monte dans les étages supérieurs et aux combles par des escaliers de moindre importance.

Le besoin de proportionner la hauteur des marches dans les escaliers avec l'étendue du pas en montant, a fait établir comme règle de ne donner à chaque marche, tant en hauteur qu'en giron, qu'une longueur de vingt pouces; de façon toutefois que le giron soit toujours de treize à quatorze pouces, la hauteur n'étant que de six à sept. Dans les escaliers peu importans, où l'on est gêné par des obstacles supérieurs, on ne s'astreint pas à cette mesure; mais, pour les escaliers principaux, on ne s'en écarte jamais.

On peut diviser les escaliers en escaliers rectilignes avec ou sans retour, et en escaliers circulaires. Dans les premiers, les marches sont constamment rectangulaires, et on en obtient le tracé en divisant la longueur et la hauteur de chaque partie rectiligne de l'escalier par le nombre des marches que l'on veut y ménager. Dans les seconds, la cage de l'escalier est circulaire ou demi-circulaire, et les marches ont constamment plus de giron à la circonférence de la cage que vers le centre. Pour les décrire, on doit connaître le diamètre de la cage ou espèce de cylindre creux, dans lequel on veut les placer, et en outre la hauteur de chaque révolution de l'escalier, avec le nombre des marches. Supposons que le diamètre du cylindre creux soit de dix pieds, la hauteur de chaque révolution aussi de dix pieds, et que l'on juge à propos de faire vingt marches, chacune aura pour hauteur le vingtième de dix pieds, ou six pouces ; tandis que leur longueur sera de cinq pieds ou de la moitié du diamètre de la tour. Quant à leur largeur, elle sera le vingtième de la partie de la circonférence du cylindre comprise dans une révolution de l'escalier ; à quoi il faudra ajouter la petite quantité dont chaque marche doit être recouverte par la suivante. Dans ces sortes d'escaliers, que l'on appelle en *vis pleine,* les marches se superposent l'une à l'autre au centre de la tour, et forment une espèce de cylindre désigné sous le nom de *noyau de l'escalier.*

Ces sortes d'escaliers ne se construisent plus aujourd'hui que fort rarement; mais ceux que l'on appelle en *vis à jour,* sont très-communs et d'un bel effet ; ils ne diffèrent des précédens qu'en ce qu'ils n'ont pas de noyau, et que les marches, au lieu de se prolonger jusqu'au centre, se terminent à un cercle qui a le même centre que celui qui sert de base à la tour. Quelquefois ces escaliers sont isolés au lieu de s'élever le long des parois intérieurs d'une cage cylindrique. Alors on les garnit de deux rampes, l'une sur le bord extérieur et l'autre sur le bord intérieur.

Le tracé des escaliers en vis à jour n'est pas moins facile que celui des escaliers en vis pleine ; on décrit la forme des marches, en traçant un cercle égal à la base du cylindre creux dans lequel doit s'élever l'escalier ; on divise ensuite ce cercle ou la partie de ce cercle correspondant à une révolution, en autant de parties qu'il doit y avoir de marches, et on a la forme des marches pour un escalier en vis pleine. Il ne reste plus alors qu'à séparer de ces marches, par un cercle concentrique au premier, toute la partie qui avoisine le noyau, en leur laissant une longueur convenable.

Nous avons exposé de quelle manière il fallait s'y prendre pour le tracé de différentes espèces d'escaliers, parce que c'est une connaissance qu'un maçon ne doit pas ignorer, quoique la généralité des escaliers se construise en bois. En effet, dans ce cas là même, il est obligé de connaître l'art du tracé, afin de sceller chaque marche en lieu convenable ; et, en outre, il peut se trouver souvent exposé à construire des escaliers en pierre, comme on en voit dans les grandes maisons pour conduire jusqu'au premier ou second étage. Voici maintenant quelques détails relativement à la conduite du travail dans les parties qui concernent le maçon.

Les escaliers de cave peuvent se monter après coup ; mais il est mieux de les élever en même tems que leurs murs de cage et d'échiffre. Les marches qui sont en pierre se scellent alors plus facilement et les murs en sont plus solides. Ces marches sont appuyées par leurs extrémités sur les murs dont nous venons de parler; mais il est mieux de les faire porter sur petite une voûte que l'on ménage sous l'escalier, et qui forme caveau. Il en résulte beaucoup plus de solidité.

Ce que nous disons pour les escaliers de cave, peut être pratiqué également pour les grands escaliers en pierre qui conduisent au premier étage. Fort souvent on les soutient par des voûtes. Il n'y a que ceux qui sont en vis pleine qui échappent à cette nécessité ; mais leur solidité est néanmoins assez grande, d'autant que leur portée n'est pas d'ordinaire trop considérable relativement au poids des pierres. Quant aux escaliers en bois, qui sont presque les seuls que l'on construise dans les maisons des particuliers, voici comment le maçon doit les achever, à moins qu'ils ne soient en menuiserie. Le dessous des marches doit être latté à lattes très-rapprochées. On doit maçonner par dessus en plâtre et platras, appliquer un revêtement de plâtre fin par dessous et par dessus, placer du carreau sur le hourdis à fleur des marches.

Nous ne disons rien des paliers, parce qu'ils se construisent comme les planchers ordinaires. On latte dessous, on maçonne entre les solives en plâtre et platras; on latte en dessus; on applique un enduit de plâtre, et l'on pose le carreau. Quelquefois on pose le carreau immédiatement sur le hourdage et les solives, sans latter en dessus.

CROISÉES.

La construction des croisées ne présentant aucune difficulté particulière relativement à l'exécution, nous nous bornerons ici à recommander de n'en former les plates-bandes en bois que le plus rarement possible. Quant au nombre et à la disposition des croisées convenables pour les divers bâtimens, nous nous abstiendrons de rien prescrire à cet égard, parce que ces choses sont subordonnées à la destination des bâtimens, et qu'il faut, en outre, se soumettre presque toujours à la fantaisie du propriétaire. L'important est de subordonner, autant que possible, le nombre, la grandeur et la position des croisées à l'ordonnance totale du bâtiment. L'usage est de donner à chaque croisée en hauteur environ le double de la largeur. On en fait quelques-unes que l'on appelle *mezanines*, parce qu'elles ont moins de hauteur que de largeur; mais elles ne sont guère usitées que pour les prisons, les écuries et les magasins, dans les étages inférieurs, et pour certaines constructions rurales.

Les croisées de l'usage le plus général dans les constructions ordinaires, sont celles que l'on nomme à *plates-bandes*, dont la forme est celle d'un rectangle, dont la hauteur est double de la largeur. On en fait aussi en *plein-cintre*;

mais ce n'est guère que pour les rez-de-chaussée, ou pour le premier étage. Celles-ci ont la forme d'un rectangle surmonté d'une demi-circonférence, décrite sur le petit côté du rectangle. Autrefois on en faisait beaucoup de *bombées*, c'est-à-dire, dont le haut était surmonté par une portion d'arc très-peu courbe. Aujourd'hui on n'en fait guère plus de semblables, excepté dans les bâtimens en brique, où il n'est guère possible de faire autrement, encore masque-t-on presque toujours cette courbure, lorsque l'on recouvre les murs d'un enduit. Le nom de croisée vient sans doute de ce que les châssis de menuiserie qui en garnissent les ouvertures, sont formés de croisillons assemblés dans des bâtis. Celui de fenêtre, qui n'est pas moins généralement usité, vient d'un mot grec qui signifie *éclairer*.

ENDUITS.

Les enduits sont une partie fort essentielle de l'art du maçon, et à laquelle nous allons consacrer des détails proportionnés à son importance.

Enduits de Mortier commun ou Crépis.

Les enduits en mortier prennent ordinairement le nom de *crépi*, lorsqu'on ne les compose que d'une couche, et que la façon en est peu soignée. Dans tous les cas, la première couche doit contenir plus de chaux que le mortier ordinaire, et être formée de préférence de chaux vieille éteinte. Il doit être bien battu et bien assoupli ; et s'il est formé avec de la chaux récemment éteinte, il doit être en outre laissé en tas fort longtems, et ensuite humecté et battu de nouveau. La première couche, appliquée et bien sèche, on en étend une autre plus mince, où l'on a employé du sable plus fin et en plus grande quantité, et que l'on unit non-seulement avec la truelle, mais encore avec une petite règle de bois emmanchée que l'on promène sur le mur en l'humectant. Ce travail terminé, on blanchit le mur avec un lait de chaux. Si l'on eût désiré un plus bel enduit, il aurait fallu choisir de la chaux très-fine, éteinte depuis long-tems et conservée dans du sable, la broyer avec de la craie, et en appliquer une couche sur le second enduit, avec la truelle et la règle, comme nous venons de dire. Cette troisième couche serait susceptible d'acquérir, par le frottement, un très-beau poli. Quand le crépi doit être appliqué sur une surface unie, comme sur du bois, il est bon d'y clouer des lattes sur lesquelles on fait des hachures, ou du moins d'y enfoncer plusieurs clous.

Dans les pays où l'on manque de plâtre, et où la chaux abonde au contraire, on peut composer un mortier propre à remplacer le plâtre dans la construction des corniches et autres ornemens, en ajoutant trois parties de chaux vive en poudre à un mortier liquide, formé de deux parties de sable fin et une de tuileaux bien pulvérisés, délayées en bouillie claire avec une quantité suffisante de chaux vieille éteinte pour lier le tout. L'addition de la chaux vive en poudre se fait dans l'auge où a été mis auparavant le mortier, et l'on mélange vivement les matières pour les employer sur-le-champ.

Enduits en Plâtre.

Les enduits en plâtre sont d'un usage presque exclusif dans tous les pays où cette substance n'est pas à haut prix. On commence par bien arroser le mur qui doit recevoir l'enduit : après cela on jette dessus, avec le balai, du plâtre très-clair, et on recouvre cette couche, qui est remplie d'aspérités, par une autre couche appliquée à la truelle, et que l'on se garde d'unir. Sur cette couche on en met une troisième de plâtre fin aussi à la truelle, et on unit l'ouvrage autant qu'on le peut. Quand il est terminé, on gratte les parties saillantes avec une espèce de rateau de cuivre dentelé d'un côté et uni de l'autre.

Batifodage.

On supplée souvent au plâtre, par économie, ou pour obtenir un enduit plus léger et plus chaud, en substituant à cette substance de la terre grasse que l'on pétrit avec soin, en y mêlant une certaine quantité de bourre, et, si l'on veut, un cinquième de chaux vieille éteinte. Ce mélange, que l'on appelle *batifodage*, peut servir, comme le plâtre, à faire des revêtemens et des plafonds, auxquels on donne une couleur blanche, avec du blanc d'Espagne détrempé dans de l'eau de colle forte. Pour appliquer cet enduit, il faut latter comme pour le plâtre.

Stucs.

On donne le nom particulier de *stucs*, à des enduits qui sont susceptibles d'être polis. Les meilleurs se préparent avec de la chaux bien choisie, éteinte avec précaution, bien broyée ensuite, et conservée pendant plusieurs mois dans du sable. La plus ancienne éteinte est la meilleure. Pour faire le stuc, on incorpore à cette chaux quantité égale de marbre blanc en poudre, ou de toute autre espèce de pierre dure, ou même de craie; on broie le tout de manière à former une pâte ductile, et on l'applique sur une surface humide et un peu rude, en couche de deux lignes environ. Quand il est sec on le frotte, pour le polir, avec des linges humides, et de la poudre de pierre ponce. On continue, en frottant avec la paume de la main, et on finit par donner le lustre avec une très-petite quantité d'huile de lin; mais il ne faut pas en employer assez pour former tache. L'opération du poli est une opération très-minutieuse, qui requiert une grande habitude pour être bien faite, et pour laquelle il ne faut épargner ni tems, ni patience.

Lorsque le stuc doit être appliqué sur des surfaces d'intérieur qui sont à l'abri des intempéries de l'air, on peut le faire reposer sur un enduit de mortier de chaux et sable avec plâtre; mais lorsqu'il doit être appliqué sur des surfaces extérieures, il faut lui donner un soutien plus résistant, et, en conséquence, ne l'appliquer que sur un bon ciment, formé de chaux, de tuileaux pulvérisés, ou de pouzolane, et de scories de charbon de terre.

Quelques-uns composent le stuc dont nous venons de parler, en pétrissant avec de l'huile de lin, trois parties de marbre blanc pulvérisé et une de chaux. Ce stuc est appliqué en couches minces, à quelques jours d'intervalle; et, quand la dernière est donnée, on la recouvre d'un peu de poudre de marbre détrempée dans l'eau, que l'on étend à la truelle. Lorsque l'ouvrage commence à sécher, on polit le tout.

Le stuc de plâtre étant d'un très-bel effet et peu dispendieux, on peut l'employer au revêtement des surfaces intérieures qui ne sont pas exposées à l'humidité. Pour le composer, on fait choix du meilleur plâtre, cuit modérément, et on le gâche, après l'avoir bien pulvérisé, avec une dissolution de colle forte dans huit parties d'eau.

Cette dissolution est employée chaude, parce que le plâtre prendrait trop vite. Quand le stuc est appliqué, ce qui se fait à la truelle, comme à l'ordinaire, on le polit en frottant avec de la pierre ponce, ou une autre pierre dure à grain plus fin que le grès, et on enlève en même tems les petites parcelles de plâtre que l'on détache avec une éponge humide. Ce premier travail terminé, on continue de frotter avec un linge humide et du tripoli, de la craie, ou du charbon de bois blanc; on nettoie cependant toujours avec une éponge, et l'on donne ensuite le dernier poli avec un morceau de chapeau imbibé d'huile, à quoi on ajoute, en commençant, du tripoli.

Si l'on voulait nuancer le stuc de plâtre, comme du marbre, on gâcherait séparément dans de petits vases, une petite quantité de plâtre mêlée avec différentes couleurs en poudre; on formerait une espèce de galette de chaque pâte, et ces galettes, placées les unes sur les autres, coupées par tranches et appliquées avec la truelle, produiraient un marbré d'autant plus diversifié, que leur nombre serait plus grand. L'ouvrage sec, on le polirait de la même manière que s'il était uni.

Le stuc de plâtre est toujours d'un très-bel effet, quand il est poli convenablement; mais on n'en fait pas grand usage, parce que ce poli nécessite un travail long et minutieux, quoique du reste peu difficile. Il est bon d'observer que l'eau fait perdre de son brillant au stuc de plâtre, et forme une tache sensible.

CORNICHES.

Il est d'usage de placer des corniches au haut des murs qui soutiennent les plafonds, pour leur servir de couronnement; et ces corniches, ordinairement en plâtre, se font de la manière suivante: lorsqu'elles se composent simplement d'une moulure, il faut découper une plaque de forte tôle, de manière que son profil soit le même que celui de la moulure, adapter cette tôle sur une planche découpée, d'après le même profil, et se servir de cette espèce de rabot pour donner au plâtre encore humide, la forme que l'on désire. A cet effet, on commence par maçonner grossièrement en tuileaux et plâtre, le noyau de la corniche que l'on veut construire, après quoi on le recouvre de plâtre gâché un peu clair, et l'on promène sur ce plâtre le rabot dont nous venons de parler, que l'on fait glisser le long d'une pièce de bois bien droite, fixée horizontalement contre le mur à une hauteur convenable. Le rabot, dans le mouvement qu'on lui communique, enlève l'excédant du plâtre, dont on ajoute des quantités toujours nouvelles, jusqu'à ce que la corniche soit bien formée, et quand le rabot touche par tous ses points, l'ouvrage est fini.

On opère d'une semblable façon,

lorsque l'on veut construire des corniches en terre grasse mêlée de bourre, ou en mortier de chaux et sable, auquel on ajoute une quantité de chaux vive suffisante pour le faire durcir promptement.

Voilà de quelle manière on opère pour les corniches *traînées au calibre*, selon l'expression des ouvriers; celles qui ont des compartimens et parties saillantes demandent à être moulées, mais, du reste, ne présentent pas beaucoup de difficultés dans l'exécution. On les fait à l'aide d'un moule que l'on applique contre le mur, et dans lequel on verse du plâtre. Ce moule n'a pas la longueur du mur, mais il est tel, que la portion de corniche qui en sort est contenue un nombre rond de fois dans la longueur de chaque côté de la pièce. On le maintient contre le mur, à l'aide d'une pièce de bois fixée à une hauteur suffisante, et, lorsque la corniche est immédiatement au-dessous du plafond, comme cela a lieu presque toujours, on verse le plâtre par des ouvertures ménagées dans le plancher. Au reste, quelque précaution que l'on prenne, les corniches moulées ne sont jamais sans défaut, et on est obligé d'en corriger les irrégularités à l'aide d'outils faits exprès. Ces sortes d'ouvrages reçoivent toujours quelque couche de peinture, ordinairement avec de la craie et un lait de chaux.

PEINTURE EN DÉTREMPE ET BADIGEONS.

La peinture des murs et plafonds en détrempe en blanc, et l'application des badigeons, étant regardée comme du ressort des maçons, dans différentes localités, nous allons exposer ici très-succinctement quelques prineipes sur cette matière ; nous les emprunterons à notre Traité de Chimie appliquée aux arts.

« La détrempe commune est celle dont on fait le plus d'usage pour tous les ouvrages qui n'exigent pas des soins particuliers; tels que les plafonds, les escaliers, les corridors, etc. On la fait ordinairement, en mettant infuser tout simplement les terres dans l'eau, et en les détrempant ensuite à la colle. Pour la grosse détrempe en blanc, on met détremper séparément dans l'eau, pendant deux ou trois heures, une quantité convenable de blanc de craie ou de noir de fumée; ensuite on mêle ces infusions, et on les détrempe, pour les employer, dans une dissolution de colle-forte, suffisamment épaisse et chaude. Les murs que l'on destine à recevoir cette peinture doivent être nettoyés et grattés, et quelquefois même il convient de leur donner deux ou trois couches de lait de chaux. Quand l'application des couleurs doit se faire sur des murs nouvellement revêtus de plâtre, il convient d'employer une plus grande quantité de colle.

» L'enduit blanc, qu'on appelle *blanc des carmes*, se prépare avec de la chaux très-belle qu'on a passée, à l'état de lait, à travers un tamis très-fin, et qu'on a ensuite lavée par décantation, à différentes reprises, avec de l'eau très-limpide. La chaux fine qu'on obtient de cette manière, est recueillie à l'état de pâte, mélangée avec un peu de bleu ou de noir, et détrempée ensuite avec de la belle colle à laquelle on ajoute un peu d'alun. Il convient, pour donner plus de brillant à cette couleur, d'ajouter un peu de térébenthine à la chaux. Lorsqu'on veut faire usage de cette détrempe sur de vieux murs, il faut avoir soin de les gratter jusqu'au vif.

» Les couleurs dont on peint l'extérieur des maisons, et qui portent le nom particulier de badigeons, ne se détrempent pas à la colle, mais à l'eau pure, à laquelle on ajoute un vingtième d'alun. On peut imiter la couleur de toutes les pierres par le badigeon. Pour cela, il suffit d'incorporer au lait de chaux qui doit faire le fond de cette couleur, une certaine quantité de sciure de la pierre qu'on veut imiter, et un peu de l'espèce d'ocre qui paraît le plus convenable. Les enduits composés sur ce principe durent assez long-tems; mais beaucoup moins cependant que le badigeon conservateur de M. Bachelier, qui se prépare avec des écailles d'huître calcinées, broyées, tamisées, incorporées avec du fromage mou et un peu de blanc de plomb, et détrempées avec une dissolution d'alun. On pourrait substituer dans ce badigeon de la belle chaux aux écailles d'huître calcinées. »

CONSTRUCTIONS EN PISÉ.

La construction des murs en pisé étant un objet de la plus grande importance dans quelques provinces, nous croyons utile d'en faire connaître les procédés, aujourd'hui surtout que les bois sont devenus rares, et que la pierre et la brique sont souvent des matériaux de trop haut prix dans plusieurs cantons, et surtout pour les constructions rurales. Si l'art du pisé était pratiqué partout avec la même intelligence et les mêmes soins que dans le Lyonnais et le Dauphiné, on ne doit pas douter que le nombre des habitations saines et commodes ne se multipliât plus rapidement, et les classes laborieuses de la société y trouveraient un grand avantage. Déjà cette manière de bâtir s'est introduite dans quelques localités dépourvues de pierre, où, jusqu'à présent, on n'employait que du bois, et cette circonstance permet d'espérer qu'une pratique si utile ne tardera pas à s'introduire dans tous les cantons, où, par la rareté et le prix élevé des matériaux, les citoyens peu fortunés sont contraints de vivre dans des chaumières malsaines et mal abritées.

On donne le nom de *pisé* à une construction dans laquelle des masses de terre naturelle, rendues compactes et dures par une manipulation particulière, sont placées tant bout à bout, que les unes sur les autres, et forment toute l'épaisseur des murs comme des pierres de parpaing. Ces masses sont travaillées à la place qu'elles occupent, pelletée à pelletée, dans une espèce de moule mobile que l'on n'enlève que lorsque la couche que l'on vient de faire a acquis toute la dureté nécessaire. Voici comment on opère à peu près : lorsque le moule qui est une sorte de cadre profond formé de madriers retenus à la distance convenable par des traverses, a été placé sur la partie du mur dont on veut continuer l'élévation, on y jette de la terre meuble, à raison d'un pied cube chaque fois environ, et l'on frappe ensuite cette terre avec une sorte de batte faite exprès, ayant soin de n'en pas ajouter de nouvelle que la première ne soit bien battue;

comme il serait à craindre que quelques parties de terre ne s'échappassent le long des parois du moule, par le bas, on y applique un cordon de bon mortier de chaux et de sable, corroyé serré. Ces cordons, que les ouvriers appellent *moraine*, peuvent donc servir à reconnaître, lorsque le mur est fini, la hauteur qui a été donnée à chaque assise, ou *banchée*. En élevant l'ouvrage, on a soin de donner à la paroi extérieure du moule un peu d'inclinaison en dedans, de manière qu'il en résulte une retraite d'un pouce par toise à peu près. On a soin également de ne jamais établir des murs de pisé que sur de bons fondemens, portant un soubassement élevé de terre de deux à trois pieds, pour mettre le pisé entièrement à l'abri de l'humidité du sol, et même du rejaillissement des eaux pluviales. Il faut aussi entretenir la toiture en très-bon état, parce que l'eau ferait en peu de tems de grands ravages dans le pisé. Quant aux murs, on a coutume de les protéger par un bon enduit de chaux de sable, que l'on renouvelle, lorsqu'il est besoin; et, avec ces précautions, les constructions de ce genre ont une durée qui ne le cède guère à celle des constructions en bois ou en moellons. Dans le Lyonnais et le Dauphiné, où cette manière de construire est fort en usage, on voit une infinité de maisons qui comptent cent cinquante ans de durée, et qui n'ont exigé de plus fortes ni de plus fréquentes réparations que si elles eussent été bâties en maçonnerie.

La hauteur que l'on peut donner aux murs de pisé, sans en compromettre la solidité, est de 20 pieds au-dessus du soubassement; et cette hauteur, qui comporte deux étages, est suffisante pour tous les besoins. Quoiqu'il ne soit pas ordinaire dans ces constructions de faire les encoignures en brique ou pierre de taille, on conçoit qu'il ne peut en résulter que de l'avantage, et l'on peut conseiller cette pratique dans tous les cantons où l'on se proposerait d'introduire l'usage du pisé, et où l'on n'aurait pas encore reconnu par expérience combien les constructions de cette espèce présentent de solidité. Du reste, les baies des portes et des croisées doivent toujours être en maçonnerie de brique ou pierre de taille, ou en bois. La maçonnerie en brique, ou pierre de taille, est préférable, parce qu'elle se lie parfaitement avec le pisé ; le bois, au contraire, s'en sépare toujours un peu, et alors même qu'on le peint à l'huile, on n'obtient que des encadremens de mauvais effet. Le mieux est, lorsque le plâtre n'est pas trop rare, de latter par-dessus le bois, et de couvrir les jambages et linteaux de plâtre.

L'orsque l'on construit en pisé, on n'a pas l'usage de laisser des vides pour toutes les ouvertures du bâtiment. Quelquefois même on n'en laisse pour aucune, et l'on se contente, après que l'ouvrage est fini, de tailler les murs pour y loger les encadremens. Lorsque l'on a ouvert de cette manière les jours nécessaires, et que l'on a placé des jambages de maçonnerie ou de bois, on attend que toute la construction soit bien sèche pour la revêtir d'un enduit. En effet, l'on doit se garder avec soin de renfermer de l'humidité en-dedans des murs, parce qu'ils seraient susceptibles d'être endommagés par les gelées; et, qu'en outre, le mur éprouvant du retrait dans ses dimensions, à mesure qu'il se sécherait, l'enduit déjà sec se soulêverait par plaques, et tomberait bientôt tout-à-fait. Ainsi, la construction des murs en pisé doit toujours avoir lieu d'assez bonne heure, pour qu'ils aient le tems de sécher avant les grands froids; et on ne doit jamais les crépir, que toute leur humidité ne soit exhalée. Il vaudrait mieux, à cet égard, attendre que de s'exposer à crépir trop tôt. Le crépi dont on recouvre les murs de pisé, se fait avec un mortier de chaux et de sable, que l'on prépare avec soin, et où l'on ne fait entrer que de bon sable bien anguleux dans la proportion de trois parties contre une de chaux. Ce mortier ne doit pas être étendu d'eau; mais il demande à être pétri longuement et bien assoupli.

Lorsque, dans la construction des murs de pisé, on est arrivé à la hauteur d'un plancher, il faut interrompre l'ouvrage, dans le cas où ce plancher ne doit être formé que de solives, tandis que l'on peut le continuer si les solives doivent porter sur des poutres. Dans ce dernier cas, après que tout est fini, on ouvre le pisé pour les portées de chaque poutre, et on établit dans les ouvertures des bouts de madriers de deux pieds de long, sur un pied de large, en bain de mortier, de chaux et de sable, si c'est du sapin, et de plâtre ou de mortier de terre, si c'est du chêne; les poutres sont ensuite posées sur ces coussinets. On garnit en brique la partie du mur qui correspond à l'extrémité des poutres et à la partie extérieure du coussinet, et l'on continue après cela le pisé. Dans le premier cas, c'est-à-dire, lorsque le plancher doit être formé de solives, il faut arrêter le pisé à quelques pouces au-dessous de la hauteur où l'on se propose de poser les solives et établir à cette hauteur, en bain de mortier, de chaux ou de terre, suivant la nature du bois, un cours de madriers en plate-forme, sur lesquels on dispose les solives, en ayant soin de garnir leurs extrémités et de remplir leurs intervalles de maçonnerie, après quoi on les recouvre d'un cours de planches d'un pouce d'épaisseur, et l'on reprend le pisé.

Les meilleurs appuis que l'on puisse donner aux solives dans les murs de cette espèce, sont des madriers de sapin, que l'on maçonne en mortier de chaux et sable, et qui, au lieu d'être gâtés par ce mortier, comme ceux de chêne, y acquièrent d'année en année une dureté toujours plus grande. Les madriers de chêne ne produisent pas à beaucoup près d'aussi bons effets, parce qu'on ne peut les maçonner qu'en terre, et que ce scellement est moins durable que le premier.

La terre dont on peut faire usage pour la construction des murs en pisé est un mélange d'argile et de sable, dans lequel le sable paraît dominer au premier aspect; mais qui est cependant susceptible de se pétrir et de se mouler. Quoiqu'il ne soit pas d'usage de la travailler comme la terre à brique, il faut cependant la diviser avec soin, et la bien mêler, parce qu'elle ne peut acquérir que de bonnes qualités par cette manœuvre. Il faut aussi qu'elle soit assez humide, lorsqu'on l'emploie pour faire corps, quand elle est frappée dans le moule. On peut s'assurer si une terre est bonne pour le pisé, en en remplissant à force un seau évasé. Elle est bonne, lorsque la motte que l'on en retire supporte long-tems les intempéries de l'air sans se diviser.

FIN.

TABLE
DES MATIÈRES.

Pages.

INTRODUCTION.	v
NOTIONS géométriques.	7
Problèmes relatifs aux Lignes.	12
Elever ou abaisser une Perpendiculaire sur une Droite.	*ib.*
Faire un Angle égal à un Angle donné.	13
Mener, d'un Point donné, une Parallèle à une Ligne droite.	14
Diviser une Droite en parties égales ou proportionnelles.	*ib.*
PROBLÈMES relatifs aux Surfaces.	15
Inscrire dans un Cercle un Hexagone régulier.	*ib.*
Inscrire dans un Cercle un Carré et un Octogone.	16
Mesure du Carré, du Rectangle et du Parallélogramme.	*ib.*
Mesure de la Surface des Triangles,	

des Polygones réguliers et irréguliers, et du Cercle. 17
Mesure du Trapèze. 19
Rapport des Surfaces semblables. ib.
Surface convexe des Prismes, Cylindres, Pyramides, Cônes. 20
Mesure de la Surface de la Sphère. 21
Problèmes relatifs aux Solides. ib.
Mesure de la Solidité du Prisme et du Cylindre. ib.
Solidité des Pyramides et des Cônes. 22
Solidité des Troncs de Pyramide ou de Cône. 23
Mesure des Polyèdres réguliers et de la Sphère. 24
Rapport des Solides semblables. 25
ÉTUDE DES MATÉRIAUX employés dans les Constructions. 26
De la Pierre en général. 27
Pierres dures. ib.
Pierres tendres. 30
Pierres meulières et à Fusil. 32
Pierres à Plâtre. 33
Emploi et façon de la Pierre. ib.
Qualités et emploi de la Brique. 34
Tuiles et Carreaux. 37
Qualités et emploi du Plâtre. 38
Qualités et emploi de la Chaux. 40
Qualités et emploi du Sable. 42

Compositions des Mortiers et Cimens. 43
Mortiers ordinaires. *ib.*
Mortiers-Cimens et Bétons de différente composition. 45
Scellemens divers. 47
OBSERVATIONS GÉNÉRALES relatives à la Fondation des Bâtimens. 50
Fondemens sur le Roc. 51
— en Terre franche. 52
— sur la Glaise. 53
— sur le Sable. *ib.*
— dans des Lieux marécageux. 55
Assise des Fondemens. 57
CONSTRUCTIONS DE DIFFÉRENS GENRES. 59
Constructions en Pierre de taille. 60
Constructions moyennes. 61
Maçonnerie en liaison. 63
Limousinage. 64
Blocage. 65
Maçonnerie en Brique. 66
ÉLÉVATION DES MURS. 67
Murs de Face. 68
Murs de refend. 70
— de Terrasse. 71
— de Clôture. 73
CONSTRUCTION DES VOUTES. 75
PLANCHERS EN GÉNÉRAL. 78

Planchers de Différentes Façons. 80
CONSTRUCTIONS DES CHEMINÉES. 83
FOSSES D'AISANCES. 90
ESCALIERS. 91
CROISÉES. 98
ENDUITS. 100
Enduit de Mortier commun ou crépis. 101
Enduits en Plâtre. 103
Batifodage. *ib.*
Stucs. 104
CORNICHES. 107
PEINTURE EN DÉTREMPE ET BADIGEONS. 110
CONSTRUCTIONS EN PISÉ. 115

FIN DE LA TABLE.

Art du Maçon

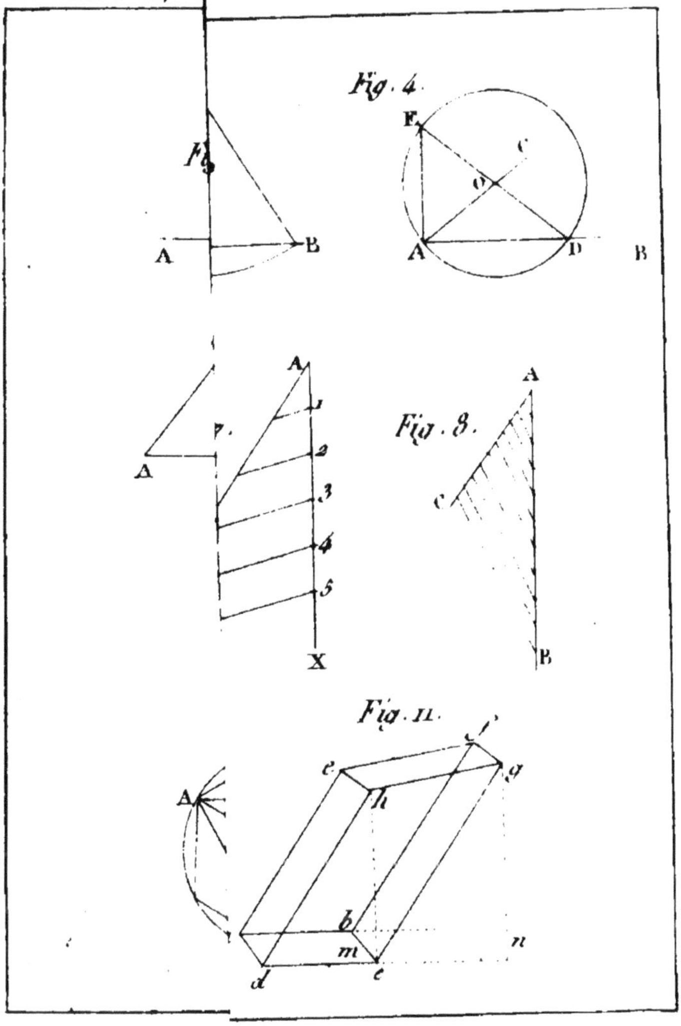

Fig. 4.

Fig. 8.

Fig. 11.

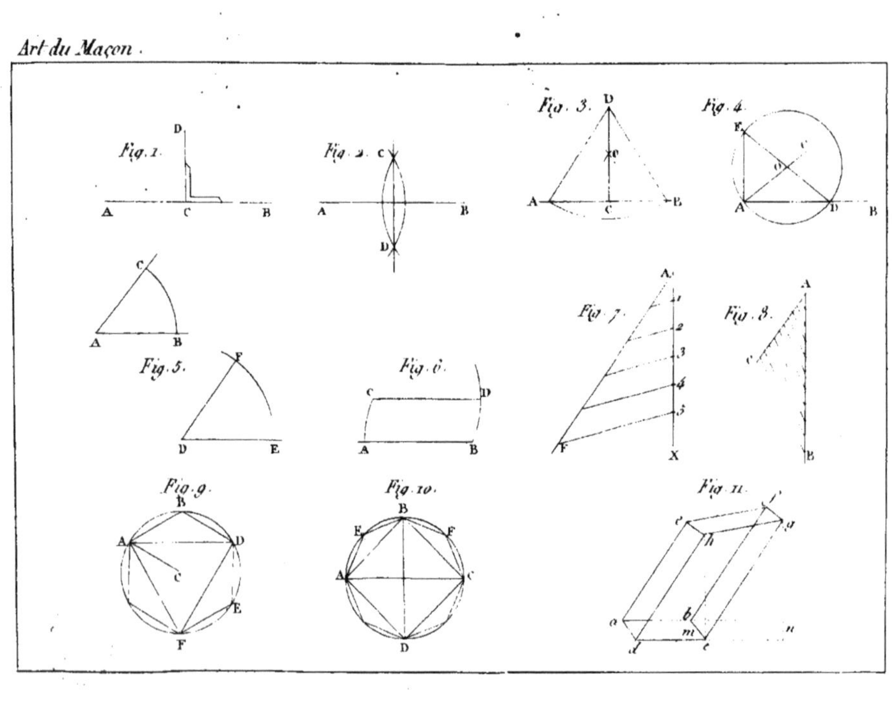
Fig. 1.
Fig. 2.
Fig. 3.
Fig. 4.
Fig. 5.
Fig. 6.
Fig. 7.
Fig. 8.
Fig. 9.
Fig. 10.
Fig. 11.

www.ingramcontent.com/pod-product-compliance
Ingram Content Group UK Ltd.
Pitfield, Milton Keynes, MK11 3LW, UK
UKHW020918180726
13838UKWH00002B/626

9 782329 341897